U0162606

装备科技译著出版基金

压电振动能量收集
——建模与实验

Piezoelectric Vibration Energy Harvesting
Modeling & Experiments

［瑞典］Sajid Rafique　著

舒海生　郑金兴　孔凡凯　张　雷　译
牟　迪　卢家豪　黄　璐

国防工业出版社
·北京·

著作权合同登记　图字:军-2021-018号

图书在版编目(CIP)数据

压电振动能量收集:建模与实验/(瑞典)萨吉德·
拉菲克(Sajid Rafique)著;舒海生等译. —北京:
国防工业出版社,2023.1
书名原文:Piezoelectric Vibration Energy
Harvesting:Modeling & Experiments
ISBN 978-7-118-12587-0

Ⅰ.①压… Ⅱ.①萨… ②舒… Ⅲ.①机械振动-研
究 Ⅳ.①TB533

中国版本图书馆 CIP 数据核字(2022)第 193707 号

※

国防工业出版社出版发行

(北京市海淀区紫竹院南路23号　邮政编码100048)

北京龙世杰印刷有限公司印刷

新华书店经售

*

开本710×1000　1/16　插页9　印张10¾　字数182千字

2023年1月第1版第1次印刷　印数1—1500册　定价99.00元

(本书如有印装错误,我社负责调换)

国防书店:(010)88540777　　书店传真:(010)88540776
发行业务:(010)88540717　　发行传真:(010)88540762

前　　言

　　近年来,低功耗便携式电子设备和微机电系统(MEMS)这些技术领域已经取得了诸多进展,受此驱动,能量收集领域的研究也得到了显著的推进。能量收集的主要研究目的是使这些电子设备和微机电系统能够实现自供电。这一般是通过在设备或系统中内置一套能量收集子系统来完成的,由此即可消除对电池的依赖性,也不必去做电池的定期更换或定期充电。借助内置的能量收集系统,我们有能力将环境中的能源(如太阳能、风能或机械能等)转换成所需的电能。本书将重点阐述如何将机械运动或振动的能量转换成电能,并将深入分析能量收集过程对系统总体动力学行为的影响。

　　一般而言,目前存在着三种基于振动的能量收集技术,分别是压电型、静电型和电磁型。本书主要讨论的是压电型。在压电型振动能量收集(PVEH)技术中,振动能量是借助压电材料的"传感效应"向电能转化的。我们将阐述与此相关的封闭形式的数学建模技术,它们要更为准确,并且也已经得到了实验验证。此外,我们还将给出相关的 MATLAB 程序代码,以方便研究者更好地理解和应用复杂的 PVEH 系统方程,并据此设计出所期望的能量收集系统。应当提及的是,本书所给出的这些内容主要来自于作者在一些著名的研究机构中所进行的博士和博士后研究工作。

　　本书主要致力于阐述如下四个方面的内容:

　　(1)针对 PVEH 梁或组合梁进行透彻的理论和实验分析。

　　(2)针对双功能的压电振动能量收集梁/可调吸振器(PVEH/TVA)或"机电式 TVA"进行深入的解析与实验研究。

　　(3)双功能能量收集 TVA 的实例应用,即电子箱的振动抑制。

　　(4)针对 PVEH 机理的仿真研究给出已编制完成的 MATLAB 程序代码。

　　较之于以往,本书所阐述的这些内容在以下方面具有比较突出的特色:

　　(1)基于解析模态分析方法(AMAM)对 PVEH 梁模型进行了深入的实验分析与验证,与以往的实验研究相比,所考察的频率范围更宽。

　　(2)精确识别了能够实现最大功率收集和诱发最大电学阻尼的电负载。

　　(3)透彻分析了力学阻尼对 PVEH 梁的影响。

　　(4)建立了可用于 PVEH 梁或此类组合梁的精确建模过程,其中采用了动态刚度矩阵(DSM)方法。

(5) 通过引入自由端处的转动约束和分段电极,给出了改善 PVEH 梁的输出功率的设计过程。

(6) 建立了双功能 PVEH 梁/TVA 这一概念的理论基础,设计了原型装置并进行了实验验证。

(7) 通过一个理论实例分析,例证了双功能装置可用于电子箱的振动控制。

(8) 通过引入实时非线性电负载,提出了改进的电路方案。

(9) 给出了方便易用的程序代码,据此可实现双功能的能量收集器/可调吸振器的仿真研究和特性分析。

Sajid Rafique

耶夫勒,瑞典

致　谢

　　首先,我要向曼彻斯特大学机械、航天与土木工程学院的 Philip Bonello 博士,致以最衷心的感谢,感谢他在我攻读博士学位整个过程中给予的宝贵的指导与大力的支持。他在这一领域的浓厚兴趣以及他的诸多创新思想,极大地拓展了我的视野并提升了我的分析能力。

　　其次,我还要感谢在实验工作中为我提供了大量帮助的所有教师,当然,也要向我的朋友们和同事们表示谢意,他们使我在攻读博士学位期间的生活变得令人难忘而振奋。

　　最后,我还要向我的父母亲和我热爱的家庭表示诚挚的感谢,我爱你们,没有你们的支持,我不可能如此顺利,谢谢你们。

书中采用的一些缩略语

AMAM	解析模态分析方法或建模
DOF	自由度
DSM	动态刚度矩阵/方法
EH	能量收集/能量收集装置
EM	电磁的
IDE	叉指电极
MFC	微观纤维复合材料
OC	开路
PVEH	压电振动能量收集/收集装置
PZT	锆钛酸铅
QP	Quick pack 制造工艺
RR	瑞利 – 里兹
SC	短路
TMD	调谐质量阻尼器
TVA	可调吸振器
VEH	振动能量收集

目　　录

第1章 绪　　论

1.1　压电振动能量收集概述

"piezo"这个词代表的是压力,而"electric"则是指电场。当对一种压电(pie-zoelectric)材料施加应力时,它就会生成相应的电场。对于压电材料来说,如果由于振动而发生了形变,那么这种材料就能够输出电压,一般称为正压电效应;反过来,如果对压电材料施加外部电压,那么它也会发生形变,一般称为逆压电效应[1]。在能量收集系统中,主要是借助正压电效应来工作,它可以帮助我们从主结构的机械振动或环境振动中提取能量,并将其转化成电能输出,这也是基于振动的压电能量收集技术的基本原理。应当特别注意的是,在压电材料中正效应和逆效应总是同时存在的,因此如果在一个系统中主要关心的是正压电效应(例如能量收集装置),而忽略逆压电效应的影响(或者说反向耦合),那么有可能会导致错误的结果[2]。

一般而言,一个压电能量收集装置通常是由一根带有一个或多个压电层的悬臂梁构成的,这些压电层粘贴在非压电材料层上,有时也将这个非压电材料层称为"基础层",经常是金属制备的。金属基础层的主要功能是为压电能量收集装置提供必要的刚度和强度。对于能量收集装置来说,它们一般是附着在一个处于振动状态的主结构上,如图1.1所示。于是,振动将导致压电层中产生动态应变,进而在涂覆于压电层上的电极上产生交变的输出电压。

需要引起注意的是,压电层产生的输出电压会对能量收集装置的动力特性产生影响,例如阻尼特性、刚度特性以及共振频率特性等。此外,这里需要提及的是,如果不特别说明,本书中所述的PVEH系统是指受基础激励作用的压电能量收集梁。图1.1给出了PVEH工作机制的方框图。

在振动能量收集技术中采用压电材料具有一个最重要的优点,它们具有更高的功率密度,并且更容易实现[2]。不仅如此,由于当前的薄膜和厚膜制备技术已经比较成熟,因而无论是在宏观尺度还是微观尺度上,压电能量收集装置都是很容易制备的[3]。此外,还值得提及的是,如果受到的激励力和工作温度能够保持在材料容许的工作范围内,那么压电能量收集装置的寿命几乎是不受限

1

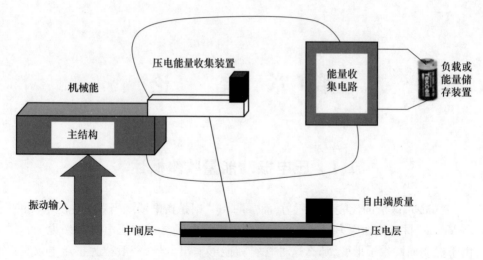

图 1.1 一个典型的压电振动能量收集系统原理图

制的[4]。进一步,当今的压电技术已经相当成熟,可供选择的压电材料有很多种,这对于能量收集的应用来说无疑也是十分方便的。

压电能量收集技术是一个多学科交叉的技术领域,需要对力学、电路以及材料工程等多个学科具有深入的理解和认识。长期以来,处于不同领域的大量研究人员都在致力于压电能量收集系统的研究,提出了一些简化的或近似的数学建模假设,对此类系统的耦合工作机制进行了建模。Erturk 和 Inman[5] 曾对前些年的相关文献进行了梳理,对一些主要的建模问题做了总结和归纳,并指出由于采用了不太合理的数学假设,因而一部分问题的研究可能会导致错误的结果。随后,这两位研究人员还针对一根压电振动能量收集梁,给出了一个准确的分布参数模型,主要建立在解析模态分析方法(AMAM)之上[6]。

对于简单的悬臂梁(均匀截面)来说,采用解析模态分析方法是相当容易处理的,不仅如此,由于振动可以通过模态形式来描述,因而在求解过程中我们可以尽可能多地引入模态个数,从而能够保证结果的精度。此外,压电振动能量收集方面的现有研究大多没有深入考察能量收集装置与主结构之间的相互作用,这种相互作用在振动控制中是有应用价值的。可以说,现有压电振动能量收集系统的建模研究中存在一定的缺陷和不足,这正是本书所述各项研究工作的一个主要推动力。本书的第一部分中,我们将从理论和实验两个方面来分析一个压电振动能量收集系统,相比于以往的研究[7]而言,这里的分析将更为深入。在理论层面,主要是建立在 AMAM 基础之上,而在实验层面,则采用了一个双悬臂构型,它可以消除夹持端两边的弯矩,从而减小转动效应,这一点可参见前期的研究文献[7-9]。本书的第二部分,将给出一种基于动刚度方法(DSM)的建模

2

技术[10]。我们将对现有的 AMAM 重新进行表述,使相关的公式更具一般性,从而涵盖以往所有分析工作。不仅如此,我们还将针对电学负载做一般化处理,使之拓展到任意线性阻抗情况。第 3 章和第 4 章将透彻分析与阻尼相关的一些假设,并将讨论 AMAM 的准确性(相对于 DSM)和局限性。同时,我们还将采用 DSM 来考察压电能量收集装置对主结构动力学特性的影响,由此直接引出本书的另一重要部分,其中将阐述能量收集在振动控制中的应用问题。我们将给出具有双功能的能量收集梁/可调谐吸振器这一概念,或者称为"机电式可调谐吸振器",并对其进行理论分析,见第 5 章。在此基础上,将构建一个机电式可调谐吸振器的原型,并针对不同的电路构型进行实验分析,验证理论分析的结果。值得注意的是,第 5 章和第 6 章所介绍的工作内容,实际上是将经典的机械式可调谐质量阻尼器[11,12]与其电学类似物(即压电分流电路)[13,14]进行了组合,从而克服了它们的一些不足,保留了它们的优点,具体见 5.1.1 节。在这两章中,我们将介绍一个压电振动能量收集系统对与之相连的主结构的振动抑制性能。不过,如果需要对所给出的"能量收集装置/可调谐质量阻尼器"这个装置的能量收集/存储能力做进一步深入分析的话,那么就需要对所建立的模型做适当的修正,将 AC – DC 整流中的非线性元件包括进来。第 7 章将针对一个双功能装置的应用做解析研究,目的是优化其对一个电子箱(安装在一个振动主结构上)的振动抑制性能。在最后一章中,我们将对全书的内容进行总结和归纳,并将指出振动能量收集装置与技术的未来发展方向,以及它们的一些潜在应用领域等。此外,在附录 A 中将针对本书中出现的一些数学模型所对应的机电方程,给出其求解过程的 MATLAB 代码,对于彻底认识机电参数和几何参数对压电振动能量收集系统的影响规律来说,这些代码无疑是非常方便的一个工具。最后,附录 C 针对本书中出现的一些实验研究工作,还给出了所采用的设备硬件方面的详细信息。

1.2　本书的主要目标

压电振动能量收集是一个多学科技术领域,涉及力学、材料工程、电路和电荷存储装置等方面的一些深入知识。本书对相关的这些领域知识做了梳理,对与压电振动能量收集相关的诸多关键问题做了有效的描述和分析。总的来说,本书的主要目标是多方面的,包括:

(1)针对一个压电能量收集梁系统给出了详尽的理论和实验分析,从而有利于加深对压电振动能量收集装置动力学特性的理解和认识。

① 在考察高频共振点(120 – 130Hz)处 AMAM 的实现方面,针对一个悬臂

梁形式的能量收集装置(不带自由端质量),构建了一个分布参数式的解析的模态分析模型,并进行了详尽的实验验证。

② 针对能量收集装置的(机械)模态阻尼识别问题进行了全面的对比研究,其中采用了多种技术手段,主要建立在实验电压和自由端频率响应的分析基础上。

③ 针对能量收集机制的机电耦合对动力学特性的影响进行了讨论,主要是通过检测系统在不同负载"R"的条件下所表现出的共振频率、力学响应、共振电压、共振电流以及共振功率输出等参量的变化来进行的。

④ 提出了一种数学建模方法(基于动刚度方法),该方法消除了 AMAM 所需的模态转换和模态近似,是一种精确的封闭形式的建模技术,利用这一方法考察了压电能量收集梁和组合梁系统(这些梁具有相同的或不同的横截面,且可以具有任意的边界条件)。

⑤ 利用 DSM 和 AMAM 对压电双晶构型进行了细致的对比研究,验证了 AMAM 的准确性。

⑥ 分析揭示了 DSM 在一些复杂系统的分析中的可行性,这些系统要比典型的固支/自由边界下的压电振动能量收集梁(均匀截面)更为复杂。

⑦ 解析研究了压电能量收集装置与主结构之间的相互作用对主结构动力学响应的机电耦合效应,主要采用的是 DSM。

(2)针对双功能压电振动能量收集梁/可调谐吸振器(或机电式可调谐吸振器)这一概念进行了深入的解析和实验研究,并分析了它在振动控制中的应用可能。

① 采用 AMAM 和 DSM 给出了一个理论模型,用于分析机电式可调谐吸振器,该系统可作为一个可调谐质量阻尼器用于抑制主结构的振动模式。

② 针对所给出的机电式可调谐吸振器(含各种不同的电路构型),对基于 AMAM 和 DSM 的分析进行了深入的对比研究。

③ 针对实验研究中采用的测试设置情况给出了详细的介绍。

④ 针对双功能的振动能量收集装置/可调谐吸振器的具体实现,给出了一个测试案例,用于抑制电子箱的振动。

1.3　本书的主要贡献

本书中所进行的研究主要是期望能够帮助读者更深入地认识和理解压电振动能量收集系统的机电行为特性,以及它们在振动控制中的潜在应用价值。总体而言,本书的主要贡献包括了以下几个方面:

（1）本书的第一部分研究内容,是将封闭形式的分布参数式 AMAM 作为理论分析基础,通过更为深入的理论和实验分析,极大地加深了对压电振动能量收集技术的认识。这一部分所具有的一个最突出的特征是,它明确指出了以往的一个观念是不正确的,该观念认为能够产生最大功率的电负载与能够使振动梁产生最大振动衰减的电负载是相同的[6,15]。我们将指出,能够产生最大共振输出功率的电负载要远大于使得压电振动能量收集梁(悬臂梁,基础激励)自由端响应达到最小所对应的电负载。进一步,这一部分的研究还将以图形方式展现出共振频率、共振电压幅值、共振功率和共振变形幅值等参量随电负载的变化情况(包括理论结果和实验结果)。这些图像可帮助我们更深刻地认识能量收集系统中的机电相互作用情况。以往的一些研究,如文献[6,7]等,仅仅揭示了两个固定的激励频率点处(分别对应于短路和开路共振状态)电压和功率随负载的变化情况。与以往研究中经常采用的频响函数幅值图相比,借助奈奎斯特图可以更好更透彻地验证理论分析结果,因为它们不仅包含了频响函数的幅值,同时还反映了其相位情况。当电负载发生改变时,奈奎斯特圆的圆心将会出现更为显著的移动(与频响函数幅值图相比而言),由此可以更好地反映出机电耦合效应的重要性。此外,在识别压电振动能量收集装置的机械模态阻尼方面,这种奈奎斯特图也是非常有用的。

（2）本书的第二部分研究内容,针对基于动刚度矩阵(DSM)方法的数学建模技术进行了拓展,使之可以用于压电梁的建模。DSM 方法相对于有限元方法来说,需要的单元数量更少一些(对于均匀截面梁组合来说)[16],因而在高频情况下可以给出更精确的解。与 AMAM 不同的是,DSM 方法很容易用于梁的建模分析,可以轻松地处理不同类型的边界条件或者横截面不同的梁组合情况。

（3）本书中通过解析分析揭示了,如果在 AMAM 中采用了足够多的模式,那么 AMAM 的解将会收敛于 DSM 方法的解。

（4）前两个研究部分,针对压电振动能量收集梁透彻分析了阻尼问题,以及与阻尼相关的一些假设。

（5）采用 DSM 方法对基础激励下的压电振动能量收集悬臂梁进行了解析研究,指出了可以通过引入自由端的转动约束和采用分段电极的方式来显著提高输出功率。

（6）通过基于 DSM 方法的解析分析,研究指出了可调能量收集梁对其基础振动的抑制效应(在不同的电负载下)。这一发现预示着可以采用压电梁(借助可变电容进行分流)来实现双功能的振动抑制/能量收集装置。这种振动抑制装置实质上是一种可调吸振器类型,通过合理设计即可用于抑制特定激励频率处的简谐振动。

(7) 第三部分研究内容将上述概念拓展到另一类型的可调吸振器,即可调谐质量阻尼器,主要用于抑制主结构在较宽激励频带内的特定振动模式。这一部分中给出了深入的理论分析和实验研究,验证了双功能"能量收集/可调谐质量阻尼器"梁这一概念(或称为机电式可调谐质量阻尼器)。这一装置主要包括了一对双晶片,并通过电阻 - 电容 - 电感电路来分流。这一可调谐质量阻尼器所需的最优阻尼是由双晶片的压电振动能量收集效应产生的。分析结果表明,对于所提出的这一装置来说,理想的振动抑制性能可以通过恰当的电路调节来获得,振动缩减因子可以达到 10 甚至更大,而等效质量却小于主结构等效模态质量的 2% 。显然,对于控制和调整可调谐质量阻尼器的阻尼来说,能量收集效应为我们提供了一条更为容易且方便的途径(与传统的可调谐质量阻尼器相比)。所提出的这种双功能"能量收集/可调谐质量阻尼器"梁有效组合了经典的(机械的)可调谐质量阻尼器与电学的吸振器的优点,成为一种新颖的机电式可调吸振器,其功能特性更容易进行调整,并且具有良好的应用前景。

1.4　全书的总体结构

本书的各章内容如下:

(1) 第 1 章是引言,总览了全书的主要内容和本书的主要目的与贡献,并给出了全书的组织结构。

(2) 第 2 章是能量收集技术回顾,给出了这一主题的较为全面的背景介绍,并对与本书内容相关的已有文献工作进行了综述。

(3) 第 3 章是压电双晶型能量收集梁的分布参数建模与实验验证,对压电振动能量收集系统进行了理论和实验分析,这一章的内容要比已有文献更为深入。

(4) 第 4 章为基于 DSM 和 AMAM 方法的能量收集梁的数学建模,首先采用 DSM 方法对能量收集梁进行了建模研究,并针对双晶片情况将 AMAM 方法与 DSM 方法做了对比分析,验证了 AMAM 方法的准确性,然后对 AMAM 方法做了重新整理,使之能够将以往文献中所分析的系统情形均统一到一个一般形式之中,最后还分析揭示了 DSM 方法对于研究更为复杂的压电振动能量收集系统的适用性。

(5) 第 5 章是机电梁式可调谐质量阻尼器的理论研究,这一章从理论上考察了双功能能量收集/可调谐质量阻尼器梁这一概念,其中将带有压电分流的能量收集梁作为可调谐质量阻尼器,安装在任意结构上。

(6) 第 6 章是机电梁式可调谐质量阻尼器模型的实验验证,采用一对带分流的双晶片构建了一个机电式可调谐质量阻尼器原型,并对其进行了实验测试,用于验证前一章中提出的概念和相关理论分析结果。

（7）第 7 章是基于双功能能量收集/可调吸振器对电子箱进行振动抑制，这一章实际上是对第 5 章所给出的相关理论的一个具体应用，进行解析分析，最终使电子箱的一阶共振频率处的振动响应得到了最佳抑制。

（8）第 8 章是总结与展望，对全书给出的主要内容进行了归纳和总结，并对这一技术领域未来的一些主题做了展望。

参考文献

1. Anton, S. R., & Sodano, H. A. (2007). A review of power harvesting using piezoelectric materials (2003–2006). *Smart Materials and Structures, 16*(3), R1–R21.
2. Erturk, A. (2009). *Electromechanical modeling of piezoelectric energy harvesters.* Ph.D. thesis, Virginia Polytechnic Institute & State University, Blacksburg, p. 319.
3. Choi, W. J., Jeon, Y., Jeong, J. H., Sood, R., & Kim, S. G. (2006). Energy harvesting MEMS device based on thin film piezoelectric cantilevers. *Journal of Electroceramics, 17*(2), 543–548.
4. Kim, S. (2002). *Low Power energy harvesting with piezoelectric generators.* Ph.D. thesis, University of Pittsburgh.
5. Erturk, A., & Inman, D. J. (2008). Issues in mathematical modeling of piezoelectric energy harvesters. *Smart Materials & Structures, 17*(6).
6. Erturk, A., & Inman, D. J. (2008). Distributed parameter electromechanical model for cantilevered piezoelectric energy harvesters. *Journal of Vibration and Acoustics, 130*(4), 041002–041002.
7. Erturk, A., & Inman, D. J. (2009). An experimentally validated bimorph cantilever model for piezoelectric energy harvesting from base excitations. *Smart Materials & Structures, 18*(2), 025009–025009.
8. Roundy, S., Paul, K. W., & Rabaey, J. M. (2004). *Energy scavenging for wireless sensor networks with special focus on vibrations* (1st ed.). USA: Kluwer Academic Publishers.
9. Sodano, H. A., Lloyd, J., & Inman, D. J. (2006). An experimental comparison between several active composite actuators for power generation. *Smart Materials & Structures, 15*(5), 1211–1216.
10. Bonello, P., & Rafique, S. (2011). Modeling and analysis of piezoelectric energy harvesting beams using the dynamic stiffness and analytical modal analysis methods. *Journal of Vibration and Acoustics, 133*(1), 011009.
11. Hartog, D. (1956). *Mechanical vibrations.* New York: Mc-Graw Hill.
12. Kidner, M., & Brennan, M. J. (1999). Improving the performance of a vibration neutraliser by actively removing damping. *Journal of Sound and Vibration, 221*(4), 587–606.
13. Park, C. H. (2003). Dynamics modelling of beams with shunted piezoelectric elements. *Journal of Sound and Vibration, 268*(1), 115–129.
14. Flotow, V. B., & Bailey, D. (1994). Adaptive tuned vibration absorbers: Tuning laws, tracking agility, sizing, and physical implementations. In *Proceedings of National Conference on Noise Control Engineering. Progress in Noise Control for Industry.*
15. Sodano, H. A., Inman, D. J., & Park, G. (2004). A review of power harvesting from vibration using piezoelectric materials. *The Shock and Vibration Digest, 36*(3), 197–205.
16. Bonello, P., & Brennan, J. (2001). Modelling the dynamic behaviour of a supercritical rotor on a flexible foundation using the mechanical impedance technique. *Journal of Sound and Vibration, 239*(3), 445–466.

第2章 振动能量收集回顾

2.1 能量收集的背景介绍

从环境资源中提取能量并将其存储起来加以使用,这一技术称为能量收集(EH)。实际上,这一思想并不是一个新思想,其历史可以追溯到风车和水车时代[1]。几十年来,众多研究人员已经提出了多种技术措施从热源或其他形式的环境资源中提取能量。不过,由于能量转换效率较低,而很多电子应用场合中需要的功率又较高,因此能量收集这一技术领域早先并没有受到人们的广泛关注。

当前,人们对从环境资源中提取"绿色能源"的渴望与日俱增,加之便携式无线电子设备对功率的需求逐步降低,能量收集这一领域在过去的若干年中逐渐引起了人们越来越浓厚的兴趣。正是由于现代电子仪器设备在尺寸和功率需求上有了显著的减小,这才使得很多研究人员和工程技术人员开始积极研究如何在此类设备中构建一种能够提供永久性能量的方案,这种方案应当能够在设备的整个生命周期内,从周围环境中提取能量为设备自身的功率需求提供保证。

对于此类低功率需求的设备,传统的做法一般是将其设计为由电化学电池来提供有限能量,为此也就需要对这些电池做定期更换(例如碱性电池 AA)或者定期充电(例如镍锌、镍镉、锂离子电池等)。考虑到传统电池技术的发展尚难为这些便携式无线电子系统提供非常长时间的功率供应[1,2],因而在此类应用场合中进行定期的电池更换或充电就是不可避免的。在很多应用中,这种做法往往是不切实际的,例如,在偏远地区可能缺乏电池充电所需的标准电力供应,再如,对于嵌入到巨型结构物或植入式医疗设备中的传感器来说,更换电池可能也是十分困难的。图 2.1 中给出了笔记本电脑性能(便携式电子设备的实例)的发展,是以 1990 年的笔记本电脑作为参照的(对数尺度)[1]。可以看出,电池储能技术是移动计算这一领域中发展速度最为缓慢的[1]。正是由于上述这些原因,对于大多数现代电子设备而言,传统电池已经不再成为一个合理的能源了。

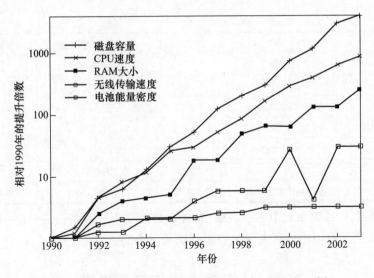

图 2.1 1990—2003 年期间计算处理技术的相对进展[1]

在表 2.1 和表 2.2 中,我们还简要地列出了一些常见的环境能源所对应的生成功率水平以及一些现代电子设备所需的功率水平。这两个表中的功率值都是从已有文献中得到的,这里只是做一展示,在不同的工作条件下它们会有所不同,因此在做对比分析时需要注意这一点。

表 2.1 基于某些环境能源的发电性能水平

能量源	能量转换机制	能量水平	参考文献
振动	压电	$100mW/cm^3$	[2,3]
	电磁	$0.5 \sim 8mW/cm^3$	[4]
	静电	$8nW \sim 42.9\mu W/cm^3$	[5]
光	光伏(太阳能)	$100mW/cm^2$	[6]
	光伏(室内)	$100\mu W/cm^2$	
环境辐射	无线电频率	$\leqslant 1mW/cm^2$	[1]
风	风机	$200 \sim 800\mu W/cm^2$	[5]
热	热电,热离子,热电子隧穿	$60\mu W/cm^2$	[1]

表 2.2 部分便携式无线电子设备的功率需求

电子设备	功率需求	参考文献
电子表,电子计算器	$1\mu W$	[6]
植入式医疗仪器	$10\mu W$	[7]
HTC Touch Pro 手机(主动模式,不带 GPS)	$29.1\mu W$	[8]

电子设备	功率需求	参考文献
助听器	100μW	[6]
助听器	1mW	[7]
ET 热敏电阻	3.5mW	[9]
HTC Touch Pro 手机(主动模式,不带 GPS)	24.8mW	[8]
蓝牙收发器	45mW	[6]
掌上 MP3	100mW	[6]
光电晶体管滤波器	150mW	[10]

从表 2.1 和表 2.2 中不难观察到,大多数无线电子设备所需的功率水平在不久的将来是可以由内置的能量收集系统来供给的。

2.2　从振动中进行能量收集

Williams 和 Yates[11]曾经描述过三种主要的振动能量收集机制,它们分别是:①电磁式;②静电式;③压电式。他们研究了基础激励条件下的集中参数模型,分析了电磁式能量收集方法的电功率输出情况。

电磁式能量收集装置一般是基于法拉第的电磁感应定律来设计构造的。该理论指出:当电感(导线)在磁场中运动时就会生成电压,反之亦然,电磁感应产生的电压值与穿过电感的磁通量变化率成正比。典型的电磁式能量收集装置一般包括了一块永久磁铁、一根振动着的悬臂梁以及一根导电线圈,如图 2.2 所示[12]。这一能量收集机制不需要任何外部功率源来启动能量收集过程。不过,由于此类装置所能收集到的能量是与振动频率的三次方成正比的,这就使得它在低频场合中的适用性变得较差。不仅如此,这种能量转换机制所产生的最高电压通常也是比较低的[13]。

静电式振动能量转换机制主要借助的是可变电容。当电容器的两块板之间的距离发生变化时,预充电电容器的电容就会发生相应的改变,电容器上的电荷与电容之间的关系为 $Q = CV$,这里的 Q 为每块板上的电荷,V 为两块板之间的电压差,C 为电容。图 2.3 中已经给出了静电式能量收集装置的工作原理[14],只需保持一个预充电电容器的 Q 或者 V 为常数,那么电容 C 的任何改变就会导致 V 或 Q 的变化,从而产生电荷输出。

值得提及的是,静电式振动能量收集机制是不能自行启动的,需要一个外部功率源来对电容器预先充电,从而才能切换到能量收集状态。不仅如此,电容器

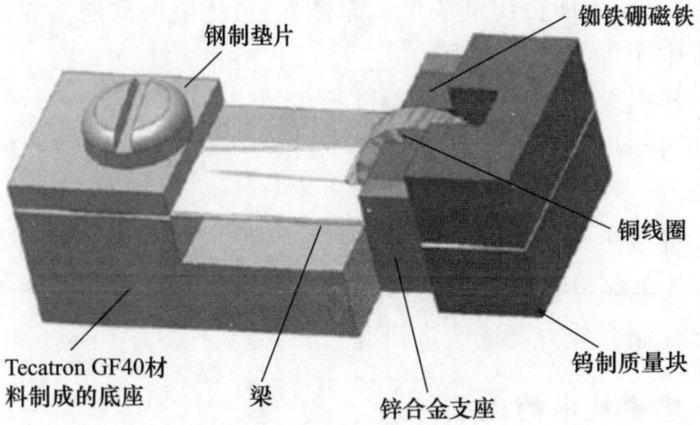
钢制垫片
铷铁硼磁铁
铜线圈
Tecatron GF40材
料制成的底座
梁
锌合金支座
钨制质量块

图 2.2　微型电磁能量收集装置的原理描述

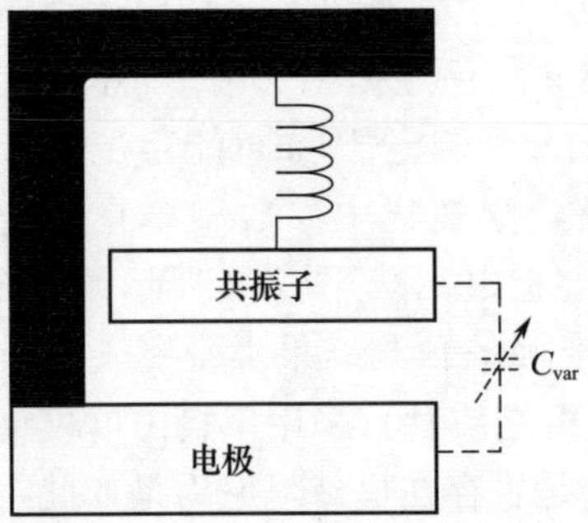
共振子
C_{var}
电极

图 2.3　静电式振动能量收集装置的工作原理

内的空间是非常狭窄的,同时又需要电容器的两块板之间发生相对运动,这往往会降低该元件的耐用度。

关于静电式和电磁式振动能量收集方面的更多细节、说明以及应用等内容,读者可以参阅文献[11,12,14-18]。事实上,在表 2.1 中,我们已经观察到了压电振动能量收集技术要比上述两种技术具有高得多的能量密度,考虑到这一优点以及第 1 章 1.1 节中所指出的其他一些原因,在本书中我们将仅限于讨论压电振动能量收集技术。

2.3　压电振动能量收集

近些年以来,人们已经相当广泛地研究了压电材料在振动能量收集装置中的应用(振动能量转换为电能)[2,19-21]。为了考察压电能量收集技术从振动中提取能量的性能,研究人员不仅提出了各种不同的数学模型,而且还给出了实验

分析结果[22-25]来验证所提出的模型。总体而言,压电振动能量收集领域中的研究工作主要集中于以下几个方面:

(1) 针对压电振动能量收集机制进行数学建模[26-34]。

(2) 为使得输出功率最大化,对能量收集装置的几何构型和物理组成进行改进[23,35,36]。

(3) 为了提取更多的能量,对电路进行改进[37-39]。

(4) 针对压电能量收集对系统动力学特性的反向耦合效应进行研究[27,40-44]。

(5) 能量存储介质方面的改进研究[45,46]。

2.3.1 建模技术的进展

图2.4中给出了一根基础激励下的压电能量收集梁,大量研究人员都对此进行了建模与分析工作,目的是预测出给定基础运动输入条件下的功率输出情况。文献[22]指出,以往文献已经提出了诸多不同的建模技术,其中的一部分由于采用了不是很恰当的数学假定,因而可能存在一定的模糊性。例如,早期的建模工作(文献[23])是建立在集中参数型单自由度模型基础之上的,后来Erturk和Inman[26,28,29]研究指出,对于图2.4所示的分布参数系统来说,单自由度模型将会导致相当不准确的预测结果。研究表明[28],在一阶固有频率附近(所考察的情况中不带自由端质量),采用单自由度模型时相对运动传递率函数的误差将超过35%,无论是否存在机械阻尼均是如此。这一研究还得到了另一个结论,即,采用单自由度模型时,随着自由端质量与梁的分布质量之比值的逐渐增大,结果误差将会逐渐减小。尽管单自由度模型存在诸多缺陷,然而在很多理论分析中人们仍然在继续使用它,例如文献[47]。

借助瑞利-里兹型离散描述方法,人们已经得到了分布参数系统的另一近似程度更高的模型,例如文献[32]。在这一方法中,采用了合理选择的一组基函数,对位移进行了变换,随后应用哈密尔顿原理导出了离散形式的质量矩阵、刚度矩阵和阻尼矩阵(变换后的空间中),最终得到的解析解是以单个振动模式出现的[48,49]。目前这一方面的研究工作往往忽略了压电耦合行为对系统动力学特性的内在影响[48],或者将这一影响过分简化为黏性阻尼效应[49]。Erturk和Inman[22]还指出了近期的一项研究[30]中存在着根本性的问题,原因在于其中所引入的压电效应是建立在静态的自由端受力/变形关系基础上的。

在解析建模方面,Erturk和Inman[40]取得了一个重要进展。他们将解析模态分析方法(AMAM)应用到一根欧拉-伯努利梁模型(固支-自由边界,均匀截面,单晶片,无自由端质量)中,通过压电本构关系准确地把压电耦合效应包括进来。除了环境阻尼以外,在波动方程中还直接引入了一些反映材料阻尼影

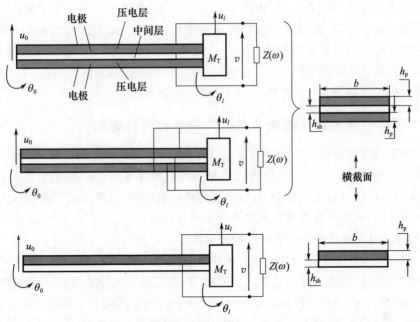

图 2.4 受到基础激励作用的压电能量收集梁
(上图——串联双晶构型;中图——并联双晶构型;下图——单晶梁构型)

响的项。分析过程中,他们利用固支 - 自由边界下无阻尼无电耦合的梁的弯曲模式,将带机电耦合影响的波动方程转换到了模态空间中做进一步处理。与此类似的技术后来也被用于带自由端质量的双晶构型分析[22],该研究中得到了一阶共振区域的频响函数(电压和自由端运动与基础激励之间的频率响应函数),并进行了实验验证。该研究指出,引入自由端质量将会降低梁的分布质量的影响,并且会使得有效工作频率限制于低频区间(例如该文献中给出的 45 ~ 50Hz 共振区域)。当然,对于大多数能量收集装置在应用中涉及的较高频段,还需要做更进一步的实验验证。我们将在第 3 章中对这一问题加以讨论(相关内容已经发表在文献[25]中),这实际上也构成了 1.3 节中所指出的本书的第一条贡献。

文献[22,25,40]中的研究工作没有针对较宽频率范围验证和对比其建模的有效性,不过 Elvin 和 Elvin[50]研究指出,如果在瑞利 - 里兹法中选择了恰当的一组基函数,那么他们得到的数值解(瑞利 - 里兹解)能够收敛于 AMAM 解[40],当然,在两种方法中都需要采用足够数量的模态或基函数。从已有文献中可以很清晰地发现,压电振动能量收集梁的建模研究还缺少一种不需要借助模态或基函数进行近似的精确方法。我们将在第 4 章中对这一问题进行阐述,将动刚度方法应用到压电振动能量收集梁的分析中[51-55],实际上这一章的工作已经发表在文献[27]中,它们构成了1.3节中列出的本书的第二条贡献。

值得提及的是,大多数分布参数建模技术,例如文献[22,25,29,40]等,都是建立在简单的电阻阻抗基础上的。Elvin和Elvin[50]宣称他们的模型能够处理与压电片相连的复杂电路,不过没有给出详尽的阐述。针对这一问题,本书将把相关分析拓展到更具一般性的电阻 – 电容 – 电感电路系统。

2.3.2　压电能量收集装置几何构型的研究进展

为了增强能量收集性能,人们已经广泛考察了多种不同的压电能量收集装置构型。此类装置的构型一般可以通过多种途径来改变,例如,调节其共振频率、采用多层压电材料、选用不同性能的压电材料、改变电极模式、改变极化方向和应力方向、调整耦合模式以及对几何形状进行优化等。

2.3.2.1　能量收集装置的共振频率调节

对于大多数基于振动的压电能量收集装置来说,当其共振频率与环境振动频率相匹配时,将输出峰值功率。一般而言,当这两个频率值存在任何偏离时,所输出的功率将会显著降低。这也是基于共振原理的压电振动能量收集装置的一个基本缺陷,它限制了实际应用中的功率输出性能[47]。这一节中我们将考察能量收集装置的共振设计及其对功率输出的影响。

文献[33]设计了一个附加结构,将其连接到三层主结构上,根据后者最主要的振动模态频率对附加结构进行了调节。该附加结构包括了一个机械夹具、一根悬臂梁以及连接其上的一个PZT元件,如图2.5所示。

研究表明:如果将PZT元件直接连接到三层主结构上,可以产生0.057V电压;如果将其连接到未调谐的附加结构上时,将输出0.133V电压;而如果将其连接到调谐后的附加结构上时,可以产生0.335V电压[33]。可以注意到,连接到未调谐附加结构上产生的电压是传统技术(直接连接到主结构上)得到的电压的两倍多。该项研究工作只是着重考察了附加结构调谐前后的功率输出特性,而没有分析主结构在连接点处的力学响应变化情况。

文献[56]中通过压电发电装置的自我调节方式来解决频率失调问题,发电装置的共振频率与环境振动源的共振频率是通过改变等效刚度或等效质量的方式来实现匹配的。与自适应调节(需要为调节机构提供能量)型能量收集装置所产生的增量功率相比,该项研究中所提出的自我调节思想并没有体现出优越性。

文献[57]中提出了一种更为有效的实现自我调节的方法,它引入了一个微控制器,这个微控制器能够从双晶片中的上压电单元中获得能量,而能量收集系统则是与下压电单元连接的,如图2.6所示。通过改变能量收集梁的刚度,这一装置的固有频率就可以与环境振动源的激励频率相互匹配起来,由此可以获得

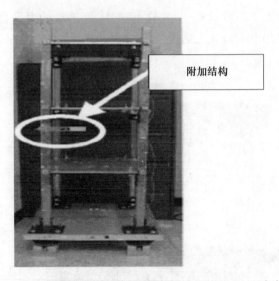

附加结构

图 2.5 连接到振动主结构上的共振调谐的附加结构[33]

平均 30% 的增量功率。该项研究指出,这一发电效率的增加实际上是通过降低结构刚度和机械阻尼以及增大等效质量这一途径实现的。不过应当注意的是,研究中主要借助了不够精确的单自由度模型来导出电压方程,正如 2.3.1 节中所指出的,这并不是一个好的选择。虽然过分简化的模型对于初步的功率输出研究来说是足够的,不过当我们考察能量收集及其反向耦合效应对系统动力学特性的影响时,此类模型就会显得不够完备了。

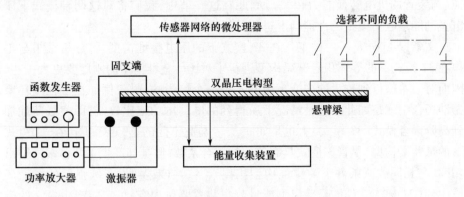

图 2.6 能量收集系统实验设置方框图[57]

2.3.2.2 耦合模式对功率输出的影响

压电材料将机械能转化成电能的能力与能量收集系统所采用的压电耦合模式是有关系的。人们一般采用两种较为实际的压电耦合工作模式,分别是 31 模

15

式和 33 模式,如图 2.7 所示[23]。在 31 模式中,所施加的力垂直于极化方向,而在 33 模式中,力是沿着极化方向施加的。

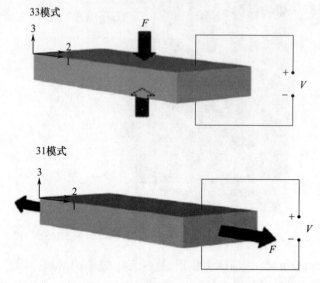

图 2.7 两种压电耦合模式(33 模式与 31 模式)及其加载工况[23]

　　在设计压电振动能量收集系统时,我们必须认真考虑压电工作模式(31 或 33),因为它直接关系到系统的输出功率和动力学特性。一般来说,31 模式的耦合系数要比 33 模式低一些。正是因为这些模式是能量收集装置的主要设计特征(与装置的机电转换能力相关),因此在这一节中,我们将对这两种模式下压电振动能量收集模型的性能情况进行分析。

　　文献[58]研究了一种工作在 33 模式下的压电叠堆构型,将分析结果与工作在 31 模式下的等体积悬臂梁构型进行了对比。叠堆构型的刚度要更大一些,因而对于希望得到较大的应变来说并不是一个恰当的选择,例如在低强度环境振动场合中就是如此。这种情况下所得到的电输出功率比较低,即便载荷施加到高阶耦合模式(33 模式)上也是如此[58]。与此不同的是,对于工作在 31 模式下的悬臂梁构型,尽管该模式具有较低的耦合系数,但是却产生了两倍多的输出功率(与相同载荷条件下的叠堆构型相比)[58]。结果表明,在低强度的振动环境中,以 31 模式工作的悬臂梁型能量收集装置要更为有效,它能产生更大的应变量。对于高强度振动环境,例如制造设备基座处的振动,以 33 模式工作的叠堆构型要更加合适、更加健壮一些,它能够产生更多的功率[58]。正是由于这些原因,大多数压电能量收集装置都采用了 31 工作模式,它能够在较小的输入力条件下获得较大的应变[58]。不仅如此,这种以 31 模式工作的系统的共振频率要低得多,因为其刚度要更小一些,对于环境振动水平较低的场合来说,这无疑也是更为合适的[23,58]。基于上述理由,人们广泛采用并分析了这种非常有用的压电振动能量收集构型,如图2.8所示,它是一根固支-自由边界下的梁,并且在自由端带有一个质量块。

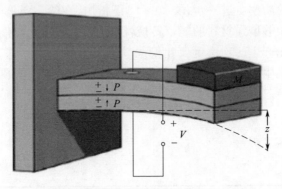

图 2.8　基于 31 模式的压电双晶梁

在压电振动能量收集方面的大量文献资料中,矩形截面梁(固支-自由边界)构型是最受关注的一种,并且已经得到了非常严谨的研究。当然,也存在着很多其他类型的设计方案。例如,文献[59,60]对膜状构型的性能做了解析和实验两方面的分析,采用了一个集中参数模型来考察设计参数和加工参数(如残余应力、基板厚度、压电层厚度以及电极覆盖区域等)对机电耦合系数的影响[60]。研究表明,该能量收集装置的耦合系数和输出功率可以通过选择恰当的残余应力、基板厚度以及电极所覆盖的区域等途径来获得显著的提升。如果基板厚度为 $2\mu m$,那么当将压电层的厚度从 $1\mu m$ 增大到 $3\mu m$ 时,耦合系数将增大 4 倍。实验结果表明,如果膜的初始残余应力为 80MPa,那么耦合系数将有 150% 的增大[59]。我们必须注意的是,这一研究采用的是集中参数模型来考察分布参数系统,因此会存在较大的误差,前面的 2.3.1 节已经对此做过解释。

2.3.2.3　不同压电材料和形状的对比

目前有很多种压电材料可供选择,它们的机电特性也较大不同。文献[35]考察了三种压电材料的能量收集性能,这些材料分别是宏观纤维复合材料(MFC)、Quick Pack 电极和 Quick Pack 叉指电极(QP IDE),并连接到相同的铝制梁上,如图2.9所示。研究中所有这些材料承受的是完全相同的振动激励(输入)。MFC 是将压电纤维置入到环氧树脂基体中得到的,这种材料柔韧性更大,容许发生较大的应变;使用时采用了叉指电极形式,这样可以容许电场施加到纤维长度方向上,因而可以工作在较高的 d_{33} 耦合模式[35]。该项研究中考虑了梁的前 12 个模式,并对所有三种材料记录了所收集到的功率。结果表明,Quick Pack 电极情况能够提取到更多的功率。需要注意的是,基于 MFC 和 Quick Pack 的叉指电极形式会减小该装置积聚更多电荷的能力,因而也就降低了收集到的功率。进一步,文献[35]还指出,在给定条件下,较大的机电耦合和介电率能够增强材料的能量转换性能(从机械能到电能)。不仅如此,较脆的压电单元产生的功率量要比偏柔软的压电材料少一些,这主要是由于脆性材料只能发生较小的应变。文献[35]中只对比了不同压电材料的输出功率实验值,没有采用任何数学模型或者其他理论方法来评价和验证这些实验结果。

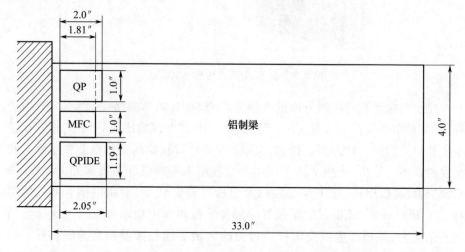

图 2.9 QP、QPIDE 和 MFC 片粘贴到同一根铝制梁上[35]

一般而言,众多从事压电振动能量收集研究的学者常常采用的是矩形悬臂式几何构型(单晶或双晶),不过文献[3]研究指出,如果采用逐渐加宽的梯形悬臂结构形式,那么应变的分布将在整个结构上变得更具一致性(矩形梁则表现出非均匀的应变分布,如图 2.10 所示)。此外,该研究还指出,对于同一体积的 PZT 能量收集装置来说,梯形悬臂构型能够比矩形构型生成更多的功率。

在文献[61]中,还分析了各种三角形梁和矩形梁的能量收集性能,如图 2.11 所示。研究表明,三角形梁的性能要比矩形梁更好一些,如可接受的激励幅值和最大输出功率等都要更为优越。

在另一项研究工作[62]中,研究者为提升能量收集装置的功率,从几何形状优化角度考察了不同的构型,并将两种梯形梁(较宽的一边为固支边界或自由边界)的输出功率与传统的矩形梁做了对比分析。结果表明,所提出的优化后

18

的梯形几何构型能够获得更大的输出功率值,如图 2.12 所示。

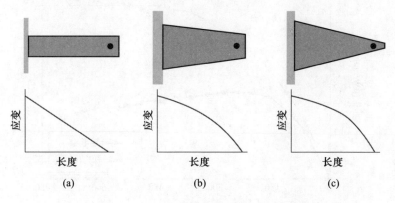

(a)　　　　　　　(b)　　　　　　　(c)

图 2.10　不同梁构型情况下的相对弯曲变形能和
应变形状(红圈代表加载位置)[3](见彩图)

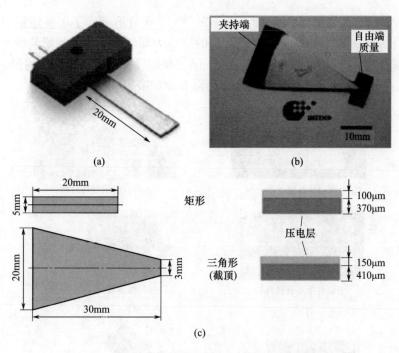

图 2.11　不同形状的压电能量收集梁示例[61]

到目前为止,现有文献中已经出现了多种多样压电材料,以及很多不同形式的能量收集设计方案,其目的均针对的是如何使得输出功率变得最大(或者说能量收集系统的效率最高)。图 2.13 给出了一些压电能量收集构型实例[19]。

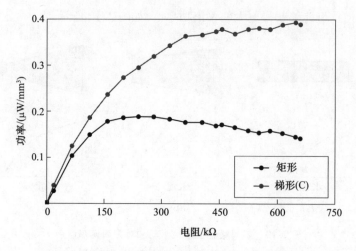

图 2.12　矩形和梯形能量收集梁的输出功率比较[62]

必须特别引起注意的是,上述研究工作[3,19,61,62]有效地考察了多种能量收集装置构型的能量收集性能,但是在所给出的模型中却忽略了能量收集装置与主结构之间的相互作用所带来的影响。这一问题我们将在本书中加以阐述(第 4、5、6 章),由此也构成了 1.3 节中所列出的第 6 条和第 7 条贡献。

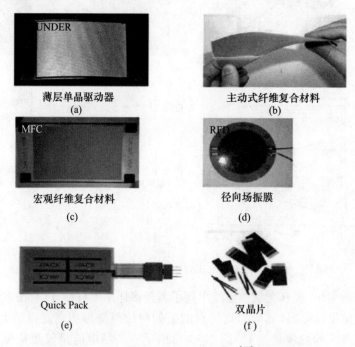

图 2.13　一些压电能量收集构型示例[19](见彩图)

2.3.3 压电振动能量收集技术在振动控制中的应用

在考察压电振动能量收集技术在振动控制中的应用之前,我们有必要先了解一下振动控制研究方面的一些一般性背景,主要涉及可调谐吸振器问题。最基本的可调谐吸振器是一个附加到主结构上的系统,通过调节其参数就能够抑制主结构的振动水平。正如 von Flotow 等[42]所讨论过的,这一附加系统通常等价于一个质量 – 弹簧 – 阻尼器系统,这里将其称为"机械式"可调谐吸振器。这种吸振器的调谐频率 ω_a 一般定义为基础(与主结构的连接点)固定时的最低阶无阻尼共振频率。此类机械式吸振器主要是借助界面间的动态力来实现对主结构连接点的振动抑制[63]。

可调谐吸振器一般有两种完全不同的使用方式,由此也导致了不同的最优调节准则和设计要求:

(1)针对主结构受到宽带激励的情况,可以通过对该吸振器的调节来抑制主结构特定固有频率 Ω_s 的模态贡献。

(2)通过对该吸振器的调节来抑制特定激励频率处的振动,此时相当于一个点阻滤波器。

如果是以上面的方式(2)来应用,那么机械式可调吸振器可以称为一个可调式的振动平衡器(或无阻尼可调吸振器)。这种情况下,需要将这个吸振器调整到激励频率处,也就是使得 $\omega_a = \omega$,它对应于最佳调节,此时该吸振器能够在与主结构的连接点处生成反共振,因而在非常窄的以 ω_a 为中心的频带内抑制掉主结构的振动。如果不存在阻尼,那么振动会彻底消除掉,不过随着阻尼的增大,振动衰减程度会逐渐变差。在实际应用中,这种吸振器可以借助简单的梁式结构[64]来非常方便地实现,如图 2.14 所示。当工作条件发生变化时,通过调整梁的有效横截面积或梁的有效长度,我们就可以对该梁式构型进行重新调整。文献[64]中已经针对图 2.14 所示的梁结构,推导建立了等效二自由度模型(不考虑阻尼),相关方法与细节可参阅该文献。

如果是以上面的方式(1)来使用,那么这个机械式可调吸振器可以称为可调谐质量阻尼器(TMD)。在这种情况中,应当将 ω_a 调节到比目标振动模式的频率 Ω_s 稍低一点的频率处,并且需要选择最优的阻尼值来抑制较宽激励频带内目标振动模式对频率响应的贡献(在连接点处)。在传统的带阻尼的可调谐质量阻尼器中,要想保证准确的阻尼值往往是一个设计难题。不仅如此,一旦设计构造完毕,这种阻尼就很难重新调整(以适应变化的系统参数)。此外,由于阻尼是必要条件,因而在实现可调谐质量阻尼器的时候,图 2.14 所示的这种简单的梁式设计方案往往会变得相当复杂。

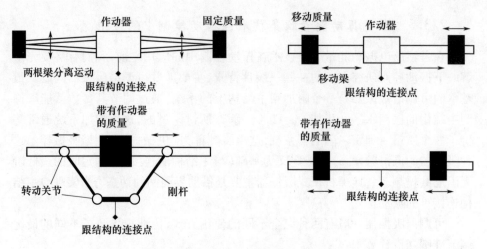

图 2.14　具有适应性的梁式 TVA[64]

如同 von Flotow 所指出的[42]，可调吸振器也可以利用另一种物理机制来实现，也就是所谓的"电学"可调吸振器[41]，它一般是以上面所讨论的方式(1)来应用的(也即类似于可调谐质量阻尼器)。在此类装置中，需要附加一个压电分流电路，压电片是直接附着在主结构(通常是一根悬臂梁)上的，并连接到一个外部电感电阻电路，如图 2.15 所示[41]。压电片主要用于将主结构的振动能量转换成电能，类似于电路中的电容效应，从而实质上构成了一个 R – L – C 电路。于是，当 L – C 元件产生的电学共振靠近目标模式的频率时，电能将会通过电阻以焦耳热的形式高效率地耗散掉。当我们选择了最优电阻值时，在较宽的激励频率范围内，目标模式对某个位置处振动响应的贡献就能够得到显著的抑制。

文献[65]研究了上述电学式可调吸振器(即将分流压电片附着到主结构上用于抑制后者的振动)在不同电路类型条件下的应用问题，这些电路类型包括了：①电阻分流，作为阻尼器用于耗散能量；②电感分流，对应于 L – C 共振电路；③电容分流，改变压电单元的刚度；④开关分流，控制能量的传递。在文献[44,65 – 67]中，研究了压电片对附着其上的系统的电学阻尼效应。为了评估这一电学阻尼，研究人员分别针对开路状态、短路状态以及能量收集系统处于工况等条件，对基本振动模式的共振频率与阻尼进行了测量[44]。对于他们所考察的情况，系统的机电耦合系数和机械损耗因子分别为 0.264 和 2.3%。文献[66]提出了一个模型并预测了振动着的压电片所产生的电能，另外还给出了一种能够直观观察电学阻尼效应的相当简单的方法，即对比极小负载、最优负载(可产生最大功率)和极大负载条件下悬臂梁的脉冲响应。三种情况的对比结

22

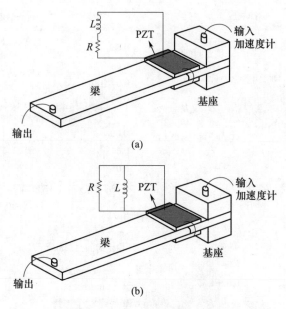

图 2.15 连接到主结构(悬臂梁)上的"电学"TVA[41]

(a)R-L串联;(b)R-L并联。

果表明,系统的阻尼出现了显著的增大,这一点从图 2.16 中的稳定时间即可观察到。文献[68-72]也做了类似的研究,分析了电学分流阻尼对结构响应的影响情况。

　　相对于传统的黏弹性材料阻尼技术来说,电学可调吸振器具有如下一些优点:①更健壮更紧凑;②与温度的关系更小;③更容易控制所期望的振动抑制水平[41,68,72,73]。实际上,如果将电学可调吸振器与传统的可调谐质量阻尼器相比,上述这些优点也是一样的,例如,后者的尺寸较大,往往会受到空间上的限制。不过,对于电学可调吸振器来说,当主结构较为复杂时,最优参数的分析和预测往往是比较困难的。这一分析涉及怎样建立主结构与分流压电片之间的耦合机电方程,以及如何将其转换到模态空间中,非常类似于 AMAM 分析中的过程(见第 3 章)。在此之后我们就可以得到决定特定位置处的模态振动情况的传递函数并对其进行优化处理[41]。由于上述原因,这里我们仅针对最简单的主结构情况,考察电学可调吸振器,即图 2.15 所示的悬臂梁情形[41]。与此不同的是,经典可调谐阻尼器的相关理论是很容易应用于任何形式的主结构的,因为它只需要知道所关心的主结构模态频率 Ω_s 和模态质量 $M_A^{(s)}$ 即可。我们将在第 5 章和第 6 章中来讨论并克服机械式可调吸振器和电学可调吸振器所存在的不足,其中将给出一种具有能量收集/可调吸振两种功能的梁结

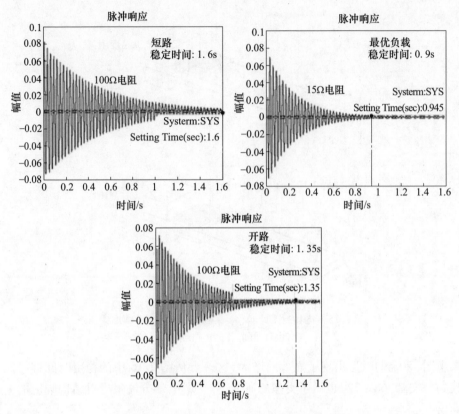

图2.16 不同负载电阻下的衰减情况对比[66]

构,或者称为"机电式"可调吸振器,这一内容实际上构成了1.3节所列出的第7条贡献。

2.3.4 压电振动能量收集技术在纳米发电机中的应用

压电振动能量收集系统在纳米尺度的仪器设备中也有着大量的应用[74]。从PZT纳米纤维制备的发展现状中,我们可以发现纳米纤维能够表现出更大的压电电压常数、更高的弯曲韧性、更大的机械强度(与压电陶瓷体相比),这些特性使得它们在纳米发电机方面有着重要的应用潜力[74]。与其他类型的压电几何构型相比,在相同体积和相同的振动源条件下,纳米纤维能够产生更高的电压和更大的输出功率。正因如此,PZT纳米纤维已经引起了人们的极大兴趣,特别是在纳米发电机的研究方面。值得提及的是,虽然通过采用纳米纤维压电材料来收集振动能量已经有了显著的进展,不过在微型应用场合,基于纳米线的发电机方面的研究仍然展现出了广阔的前景[74]。

2.4　本章小结

这一章主要针对压电振动能量收集及其在振动控制方面的应用等问题进行了较为广泛的回顾。首先简要介绍了能量收集的技术背景以及相关应用对该技术的潜在需求,然后我们着重阐述了基于振动的能量收集,其中的重点是压电振动能量收集建模技术,较为详尽地回顾了压电能量收集装置构型方面的以往研究工作。最后,本章还讨论了压电振动能量收集装置的机电耦合行为对系统动力学特性的影响,介绍了一些相关研究工作。特别地,我们指出了以往研究中所存在的一些不足和空白点,这些也是本书相关内容的研究动机,可以与1.3节列出的本书贡献相对应。

 参考文献

1. Paradiso, J., & Starner, T. (2005). Energy scavenging for mobile and wireless electronics. *IEEE Pervasive Computing, 4*(1), 18–27.
2. Anton, S. R., & Sodano, H. A. (2007). A review of power harvesting using piezoelectric materials (2003–2006). *Smart Materials and Structures, 16*(3), R1–R21.
3. Roundy, S., Leland, E. S., Baker, J., Carleton, E., Reilly, E., Lai, E., et al. (2005). Improving power output for vibration-based energy scavengers. *IEEE Pervasive Computing, 4*(1), 28–36.
4. Cook-Chennault, K. A., Thambi, N., & Sastry, A. M. (2008). Powering MEMS portable devices—A review of non-regenerative and regenerative power supply systems with special emphasis on piezoelectric energy harvesting systems. *Smart Materials & Structures, 17*(4).
5. Knight, C., Davidson, J., & Behrens, S. (2008). Energy options for wireless sensor nodes. *Sensors, 8*(12), 8037–8066.
6. Harrop, P., & Das, R. (2009). *Energy harvesting and storage for electronic devices 2009-2019* (p. 333) (IDTechEx report).
7. Raju, M., & Grazier, M. (2010). *Energy harvesting ULP meets energy harvesting: A game-changing combination for design engineers* (p. 8). Dallas, Texas: Texas Instruments.
8. Priyantha, B. L., Lymberopoulos, D., & Liu, J. (2010). *Energy efficient responsive sleeping on mobile phones*. Redmond, WA 98052: Microsoft Research.
9. Semitec, A. (2011). [cited 2011 07 July]. Thermal controls to the electrical and electronics industries. http://www.atcsemitec.co.uk.
10. Farnell. (2011). [cited 2011 July]. http://www.uk.farnell.com.
11. Williams, C. B., & Yates, R. B. (1996). Analysis of a micro-electric generator for microsystems. *Sensors and Actuators, A: Physical, 52*(1–3), 8–11.
12. Beeby, S. P., Torah, R. N., Tudor, M. J., Glynne-Jones, P., Saha, C. R., O'Donnell, T., et al. (2007). A micro electromagnetic generator for vibration energy harvesting. *Journal of Micromechanics and Microengineering, 17*(7), 1257–1265.
13. Roundy, S., Wright, P. K., & Rabaey, J. (2003). A study of low level vibrations as a power source for wireless sensor nodes. *Computer Communications, 26*(11), 1131–1144.
14. Miyazaki, M., Tanaka, H., Ono, G., Nagano, T., Ohkubo, N., Kawahara, T., & Yano, K. (2003). Electric-energy generation using variable-capacitive resonator for power-free LSI: Efficiency analysis and fundamental experiment. In *International Symposium on Low Power*

Electronics and Design.

15. Beeby, S. P., Tudor, M. J., & White, N. M. (2006). Energy harvesting vibration sources for microsystems applications. *Measurement Science & Technology, 17,* 175–195.

16. Galayko, D., Guillemet, R., Dudka, A., & Basset, P. (2011). Comprehensive dynamic and stability analysis of electrostatic vibration energy harvester (E-VEH). In *Solid-State Sensors Actuators and Microsystems Conference (TRANSDUCERS)* (pp. 2382–2385).

17. Sidek, O., Khalid, M. A., Ishak, M. Z., & Miskam, M. A. (2011). Design and simulation of SOI-MEMS electrostatic vibration energy harvester for micro power generation. In *Electrical, Control and Computer Engineering (INECCE)* (pp. 207–212).

18. Dayal, R., & Parsa, L. (2011). Low power implementation of maximum energy harvesting scheme for vibration-based electromagnetic microgenerators. *IEEE Applied Power Electronics Conference and Exposition—APEC.*

19. Priya, S. (2007). Advances in energy harvesting using low profile piezoelectric transducers. *Journal of Electroceramics, 19*(1), 165–182.

20. Du, S., Jia, Y., & Seshia A., (2016). Piezoelectric vibration energy harvesting: A connection configuration scheme to increase operational range and output power. *Journal of Intelligent Material Systems and Structures*, *28*(14), 1905–1915.

21. Kundu, S., & Nemade, H. B. (2016). Modeling and simulation of a piezoelectric vibration energy harvester. *Procedia Engineering, 144,* 568–575.

22. Erturk, A., & Inman, D. J. (2009). An experimentally validated bimorph cantilever model for piezoelectric energy harvesting from base excitations. *Smart Materials and Structures, 18*(2), 025009–025009.

23. Roundy, S., Paul K. W., & Rabaey, J. M. (2004). *Energy scavenging for wireless sensor networks with special focus on vibrations* (1st ed.). Kluwer: Kluwer Academic Publishers.

24. DuToit, N., & Wardle, L. (2007). Experimental verification of models for microfabricated piezoelectric vibration energy harvesters. *AIAA Journal, 45*(5), 1126–1137.

25. Rafique, S., & Bonello, P. (2010). Experimental validation of a distributed parameter piezoelectric bimorph cantilever energy harvester. *Smart materials and structures, 19*(9).

26. Erturk, A., & Inman, D. J. (2008). Issues in mathematical modeling of piezoelectric energy harvesters. *Smart materials & structures, 17*(6).

27. Bonello, P., & Rafique, S. (2011). Modeling and analysis of piezoelectric energy harvesting beams using the dynamic stiffness and analytical modal analysis methods. *Journal of Vibration and Acoustics, 133*(1), 011009.

28. Erturk, A., & Inman, D. J. (2008). Mechanical considerations for modeling of vibration-based energy harvesters. In *Proceedings of the ASME International Design Engineering Technical Conferences and Computers and Information in Engineering Conference.*

29. Erturk, A., & Inman, D. J. (2008). On mechanical modeling of cantilevered piezoelectric vibration energy harvesters. *Journal of Intelligent Material Systems and Structures, 19*(11), 1311–1325.

30. Ajitsaria, J., Choea, S., Kimb, D., & Shenb, D. (2007). Modeling of bimorph piezoelectric cantilever beam for voltage generation. In *Sensors and Smart Structures Technologies for Civil, Mechanical, and Aerospace Systems 2007.* San Diego, California: SPIE.

31. Roundy, S. (2005). On the effectiveness of vibration-based energy harvesting. *Journal of Intelligent Material Systems and Structures, 16*(10), 809–823.

32. Sodano, H. A., Park, G., & Inman, D. J. (2004). Estimation of electric charge output for piezoelectric energy harvesting. *Strain, 40*(2), 49–58.

33. Cornwell, P. J., Goethal, J., & Kowko, J. (2005). Enhancing power harvesting using a tuned auxiliary structure. *Journal of Intelligent Material Systems and Structures, 16*(10), 825–834.

34. DuToit, N., Wardle, L. W., & Kim, S. (2005). Design considerations for MEMS-scale piezoelectric mechanical vibration energy harvesters. *Integrated ferroelectrics, 71,* 121–160.

35. Sodano, H. A., Lloyd, J., & Inman, D. J. (2006). An experimental comparison between several active composite actuators for power generation. *Smart Materials and Structures, 15*(5), 1211–1216.

36. Shu, Y. C., & Lien, I. C. (2006). Analysis of power output for piezoelectric energy harvesting systems. *Smart Materials and Structures,* (6).
37. Ng, T. H., & Liao, W. H. (2004). Feasibility study of a self-powered piezoelectric sensor. *Proceedings of SPIE—The International Society for Optical Engineering, 5389,* 377–388.
38. Han, J., Annette, V. H., Triet, L. Mayaram, K., & Fiez, T. (2004). Novel power conditioning circuits for piezoelectric micropower generators IEEE. In *Applied Power Electronics Conference & Exhibition (APEC).*
39. Ottman, G. K., Hofmann, H. F., & Lesieutre, G. A. (2003). Optimized piezoelectric energy harvesting circuit using step-down converter in discontinuous conduction mode. *IEEE Transactions on Power Electronics, 18*(2), 696–703.
40. Erturk, A., & Inman, D. J. (2008). Distributed parameter electromechanical model for cantilevered piezoelectric energy harvesters. *Journal of Vibration and Acoustics, 130*(4), 041002–041002.
41. Park, C. H. (2003). Dynamics modelling of beams with shunted piezoelectric elements. *Journal of Sound and Vibration, 268*(1), 115–129.
42. Flotow, V. B., & Bailey, D. (1994). Adaptive tuned vibration absorbers: Tuning laws, tracking agility, sizing, and physical implementations. In *Proceedings of National Conference on Noise Control Engineering. Progress in Noise Control for Industry.*
43. Sodano, H. A., Inman, D. J., & Park, G. (2004). A review of power harvesting from vibration using piezoelectric materials. *The Shock and Vibration Digest, 36*(3), 197–205.
44. Lesieutre, G. A., Ottman, G. K., & Hofmann, H. F. (2004). Damping as a result of piezoelectric energy harvesting. *Journal of Sound and Vibration, 269*(3), 991–1001.
45. Sodano, H. A., & Inman, D. J. (2005). Generation and storage of electricity from power harvesting devices. *Journal of Intelligent Material Systems and Structures, 16*(1), 67–75.
46. Sodano, H. A., Inman, D. J., & Park, G. H. (2005). Comparison of piezoelectric energy harvesting devices for recharging batteries. *Journal of Intelligent Material Systems and Structures, 16*(10), 799–807.
47. Zhu, D., Tudor, M. J., & Beeby, S. P. (2010). Strategies for increasing the operating frequency range of vibration energy harvesters: A review. *Measurement science & technology, 21*(2).
48. Lu, F. (2004). Modeling and analysis of micro piezoelectric power generators for micro-electromechanical-systems applications. *Smart Materials and Structures, 13*(1), 57–63.
49. Chen, S., Wang, G., & Chien, M. (2006). Analytical modeling of piezoelectric vibration-induced micro power generator. *Mechatronics, 16*(7), 379–387.
50. Elvin, N. G., & Elvin, A. A. (2009). A general equivalent circuit model for piezoelectric generators. *Journal of Intelligent Material Systems and Structures, 20*(1), 3–9.
51. Chen, Y. H., & Sheu, J-Ts. (1996). Beam length and dynamic stiffness. *Computer Methods in Applied Mechanics and Engineering, 129*(3), 311–318.
52. Eisenberger, M. (1995). Dynamic stiffness matrix for variable cross-section Timoshenko beams. *Communications in Numerical Methods in Engineering, 11*(6), 507–513.
53. Henshell, R. D., & Warburton, G. B. (1969). Transmission of vibration in beam systems. *International Journal for Numerical Methods in Engineering, 1*(1), 47–66.
54. Chen, Y. H. (1987). General dynamic stiffness matrix of a Timoshenko beam for transverse vibrations. *Earthquake Engineering and Structural Dynamics, 15,* 391–402.
55. Roundy, S., & Zhang, Y. (2005). Toward self-tuning adaptive vibration-based microgenerators. *Proceedings of SPIE—The International Society for Optical Engineering, 5649*(1), 373–384.
56. Wu, W.-J., Chen, Y., Lee, B., He, J., & Peng, Y. (2006). Tunable resonant frequency power harvesting devices. *Proceedings of SPIE—The International Society for Optical Engineering, 6169,* 61690–61690.
57. Bonello, P., & Brennan, J. (2001). Modelling the dynamic behaviour of a supercritical rotor on a flexible foundation using the mechanical impedance technique. *Journal of Sound and Vibration, 239*(3), 445–466.

58. Baker, J., Roundy, S., & Wright, P. (2005). Alternative geometries for increasing power density in vibration energy scavenging for wireless sensor networks. In *Collection of Technical Papers—3rd International Energy Conversion Engineering Conference*.

59. Cho, J., Anderson, M., Richards, R., Bahr, D., & Richards, C. (2005). Optimization of electromechanical coupling for a thin-film PZT membrane: II. Experiment. *Journal of micromechanics and microengineering, 15*(10), 1804–1809.

60. Cho, J., Anderson, M., Richards, R., Bahr, D., & Richards, C. (2005). Optimization of electromechanical coupling for a thin-film PZT membrane: I. Modeling. *15*(10), 1797–1803.

61. Goldschmidtboeing, F., & Woias, P. (2008). Characterization of different beam shapes for piezoelectric energy harvesting. *Micromechanics and Microengineering, 18*.

62. Brusa, E., Zelenika, S., Morob, L., & Benasciuttib, D. (2009). Analytical characterization and experimental validation of performances of piezoelectric vibration energy scavengers. *Proceedings of SPIE—The International Society for Optical Engineering, 7362*.

63. Kidner, M., & Brennan, M. J. (1999). Improving the performance of a vibration neutraliser by actively removing damping. *Journal of Sound and Vibration, 221*(4), 587–606.

64. Bonello, P., & Groves K. H. (2009). Vibration control using a beam-like adaptive tuned vibration absorber with an actuator-incorporated mass element. *Mechanical Engineering Science, 223*(7).

65. Lesieutre, G. (1998). Vibration damping and control using shunted piezoelectric materials. *The Shock and Vibration Digest, 30*(3), 187–195.

66. Sodano, H. (2003). Model of piezoelectric power harvesting beam. In *Proceedings of the ASME Aerospace Division—2003, AD*.

67. Yabin, L., & Henry, A. S. (2010). Piezoelectric damping of resistively shunted beams and optimal parameters for maximum damping. *Journal of Vibration and Acoustics, 132*(4), 041014.

68. Hagood, N. W., & Von Flotow, A. (1991). Damping of structural vibrations with piezoelectric materials and passive electrical networks. *Journal of Sound and Vibration, 146*(2), 243–268.

69. Davis, C. L., & Lesieutre, G. A. (1995). A modal strain energy approach to the prediction of resistively shunted piezoceramic damping. *Journal of Sound and Vibration, 184*(1), 129–139.

70. Fleming, A. J., Behrens, S., & Moheimani, S. O. R. (2001). Innovations in piezoelectric shunt damping. In *Smart Structures and Devices, Proceedings of SPIE*.

71. Liang, J. R. (2009). Piezoelectric energy harvesting and dissipation on structural damping. *Journal of Intelligent Material Systems and Structures, 20*(5), 515–527.

72. Hollkamp, J., & Starchville, T. F. (1994). Self-tuning piezoelectric vibration absorber. *Journal of Intelligent Material Systems and Structures, 5*(4), 559–566.

73. Law, H. H. (1996). Characterization of mechanical vibration damping by piezoelectric materials. *Journal of Sound and Vibration, 197*(4), 489–513.

74. Shiyou, X., Yong, S., & Sang-Gook, K. (2006). Fabrication and mechanical property of nano piezoelectric fibres. *Nanotechnology, 17*(17), 4497.

第3章 分布参数建模和实验验证

3.1 相关背景介绍

　　一般地,压电振动能量收集装置往往采用的是悬臂梁构型,其上带有一个或两个压电层(分别对应于单晶和双晶构型),而这个压电悬臂梁的根部通常又连接到一个发生振动的主结构上,同时还会与一个精巧的电路相连,这个电路通常是由交流直流转换单元构成,用于为电池或储能电容器充电。不过,大多数研究者往往采用简单电阻与能量收集装置相连接,因为这样更容易推导简化的数学模型(用于预测给定基础激励下的电学输出)[1-4]。在现有能量收集方面的文献中,人们所采用的数学建模方法有很多,其中包括了过分简化的单自由度模型[3,5]、瑞利 – 里兹离散参数方法[6]以及分布参数式建模方法[1,2]等。在离散参数模型中,结构的运动是通过有限个坐标来描述的,单自由度模型是一个特例,仅采用一个坐标来描述整个结构的运动情况。在分布参数模型中,将结构的惯性和弹性看成是连续分布的。虽然单自由度建模方法能够帮助我们初步了解能量收集系统,然而它确实过分简化了、忽略了很多关键性特征,例如动力学模态形状和实际应变的分布情况等[4]。因此,为了能够正确反映结构任意点处(沿着长度方向)的行为,我们就需要采用更为细致的分布参数建模方法了。事实上,Erturk 和 Inman[1]已经针对一个基础激励下的双晶悬臂梁构型(不带自由端质量),给出了一个封闭形式的分布参数建模方法,在随后的文献[2]中,他们还进一步针对基础激励下、带有自由端质量的分布参数双晶悬臂梁模型,给出了实验测试结果。

3.2 双晶悬臂梁的分布参数建模

　　这一节中,我们来阐述如何利用分布参数(或连续参数)建立封闭形式的数学模型。为了验证这一建模方法,这里仅考虑不带自由端质量的压电梁,也就是说只考虑梁自身的分布质量。如图 3.1 所示,一根双晶梁构型由两个压电层和一块薄金属板组成,压电层分别粘贴在金属板的上下表面上。中间的这层薄金属板主要提供所需的强度和刚度,双晶片可以以串联形式或并联形式连接起来,这主要取决于上下压电层的极化方向[4]。当上下压电层的极化方向相反时,我们称它们是串联连接的,在图 3.1 中就是如此,压电层的极化方向已经用箭头表示出来了。反之,如果极化方向是相同的,那么我们称为并联连接形式。一般来说,串联连接时可以获得较高的电压和较低的电流,而并联连接时可以获得较高的电流和较低的电压[4]。当然,总的输出功率仍然是相同的,因为净输出功率是输出电流和输出电压的乘积。这里我们针对的是图 3.1 所示的串联连接情况,将在后续几个小节中针对简谐型基础激励逐步进行分析和推导,计算出机电耦合电压、电流、功率和自由端位移频响函数之间的关系。分析过程类似于文献[2]的工作,不过此处没有考虑自由端的集中质量。之所以给出一步步的数学推导过程,主要是为了方便读者完整地理解这一方法。此外,这里我们还将从理论和实验两方面来考察随机性基础激励条件下的频响函数情况,而这一内容在文献[2]中是没有给出的。

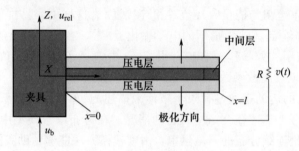

图 3.1　受基础运动激励的双晶梁(内部串联)

3.2.1　考虑电学耦合效应的力学模型

这里我们来推导压电双晶构型的运动方程,其中包含了反向电学耦合效应。假定双晶梁的弯曲刚度为 B,单位长度上的分布质量为 m,外部电负载为 R,电阻上的电压为 $v(t)$[4]。不考虑夹持端的转动,那么梁上任意点处(到夹持端的距离为 x,沿着梁的长度方向)的横向绝对位移可以表示为[7]

$$u(x,t) = u_b(x,t) + u_{rel}(x,t) \qquad (3.1)$$

式中: $u_b(x,t)$ 为夹持端的横向绝对位移; $u_{rel}(x,t)$ 为距离夹持端 x 处的横向相对位移(相对于运动基础)[4]。

根据欧拉-伯努利梁理论,这个双晶悬臂梁的运动就可以描述为[1]

$$B\frac{\partial^4 u}{\partial x^4} + A\frac{\partial^5 u}{\partial x^4 \partial t} + c_a\frac{\partial u}{\partial t} + m\frac{\partial^2 u}{\partial t^2} = 0 \qquad (3.2)$$

式中:

$$B = b \left[\frac{Y_{\text{sh}} h_{\text{sh}}^3}{12} + Y_{\text{p}} \left\{ \frac{h_{\text{p}} h_{\text{sh}}^2}{2} + h_{\text{sh}} h_{\text{p}}^2 + \frac{2}{3} h_{\text{p}}^3 \right\} \right] \tag{3.3}$$

$$A = c_{\text{p}} I_{\text{p}} + c_{\text{s}} I_{\text{sh}} \tag{3.4}$$

联立式(3.1)和式(3.2),可以得到

$$B \frac{\partial^4 u_{\text{rel}}(x,t)}{\partial x^4} + A \frac{\partial^5 u_{\text{rel}}(x,t)}{\partial x^4 \partial t} + c_{\text{a}} \frac{\partial u_{\text{rel}}(x,t)}{\partial t} + m \frac{\partial^2 u_{\text{rel}}(x,t)}{\partial t^2}$$

$$= - c_{\text{a}} \frac{\partial u_{\text{b}}(x,t)}{\partial t} - m \frac{\partial^2 u_{\text{b}}(x,t)}{\partial t^2} \tag{3.5}$$

上面这个方程也可以改写成

$$\frac{\partial^2 \hat{M}}{\partial x^2} + A \frac{\partial^5 u_{\text{rel}}(x,t)}{\partial x^4 \partial t} + c_{\text{a}} \frac{\partial u_{\text{rel}}(x,t)}{\partial t} + m \frac{\partial^2 u_{\text{rel}}(x,t)}{\partial t^2}$$

$$= - c_{\text{a}} \frac{\partial u_{\text{b}}(x,t)}{\partial t} - m \frac{\partial^2 u_{\text{b}}(x,t)}{\partial t^2} \tag{3.6}$$

式中:$\hat{M}$ 为内部弹性力矩;A 为这个复合梁的结构内阻尼;B 为梁的弯曲刚度;m 为单位长度的质量;c_{a} 为单位长度上的黏性阻尼系数(环境条件产生的)。必须注意的是,这里的黏弹性阻尼项和环境阻尼项都满足比例阻尼假设,这样有利于我们的数学分析,即在模态分析求解中会十分方便[4]。

利用模态展开原理[8],我们可以将相对横向位移 $u_{\text{rel}}(x,t)$ 以模态坐标形式来表示,即

$$u_{\text{rel}}(x,t) = \sum_{r=1}^{\infty} \phi_r(x) \eta_r(t) \tag{3.7}$$

式中:$\phi_r(x)$ 为固支 - 自由梁的模式 r 的质量归一化本征函数;$\eta_r(x)$ 为模式 r 的模态坐标。必须特别注意的是,这些本征函数 $\phi_r(x)$ 是针对无电学耦合和无阻尼情况的,可以写成[9]

$$\phi_r(x) = \sqrt{\frac{1}{ml}} \left[\cosh \frac{\lambda_r}{l} x - \cos \frac{\lambda_r}{l} x - \sigma_r \left(\sinh \frac{\lambda_r}{l} x - \sin \frac{\lambda_r}{l} x \right) \right] \tag{3.8}$$

式中:σ_r 为($x = l$ 处)

$$\sigma_r = \frac{\sinh \lambda_r - \sin \lambda_r}{\cosh \lambda_r + \cos \lambda_r} \tag{3.9}$$

l 为压电梁的悬伸长度;λ_r 为无量纲频率参数,可以通过悬臂梁的超越型特征方程计算得到,即

$$1 + \cos\lambda_r \cosh\lambda_r = 0 \tag{3.10}$$

对于一根固支 – 自由边界下的连续梁,第 r 阶模式($r = 1, 2, 3, \cdots$)的无阻尼共振频率可以通过如下关系式来确定,即

$$\omega_r = \left(\frac{\lambda_r}{l}\right)^2 \sqrt{\frac{B}{m}} \tag{3.11}$$

在式(3.6)中,内力矩项 $\hat{M}$ 可以利用压电材料的本构方程[10]来计算。

在图 3.2 中,我们给出了一根双晶梁(由上下两个压电层和中间的金属梁构成)的横截面示意图[4]。压电层的弯曲会在方向"1"上产生对应的应力,进而会在方向"3"上生成一个电压。于是,压电层的本构方程(定义了机电耦合关系)可以表示为[4]

$$D_3 = d_{31}\sigma_p + \varepsilon_{33}^T E_3 \tag{3.12}$$

$$\delta_p = \frac{\sigma_p}{Y_p} + d_{31}E_{31} \tag{3.13}$$

式中:Y_p 为压电材料的杨氏模量;D_3 为极化方向上的电位移(电流密度);ε_{33}^T 为常应力条件下的介电常数;σ_p 和 δ_p 分别为压电层的应力和应变;E_3 为电场;d_{31} 为压电应变系数[4]。中间金属层内的应力可以借助胡克定律来计算,即 $\sigma_{sh} = Y_{sh}\delta_{sh}$,其中 σ_{sh} 和 δ_{sh} 分别为轴向应力和应变,而 Y_{sh} 为该金属材料的杨氏模量。

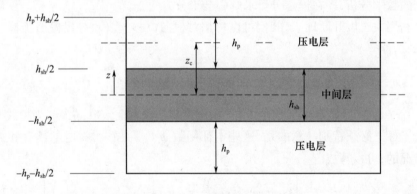

图 3.2 双晶梁的横截面

在给定截面 x 处,梁的弯曲会在上下压电层中产生符号相反的应力,上层处于拉伸状态,而下层则处于压缩状态,或者反过来。对于这里的串联连接形式的压电层来说,正是考虑到这一点,所以才要求这两个压电层必须反向极化[4]。于是,上层和下层中相反的应力就会对这个复合压电梁产生一个弯矩作用,可以表示为

32

$$\hat{M}(x,t) = \int_{\frac{h_{sh}}{2}}^{\frac{h_{sh}}{2}+h_p} Y_p(\delta + d_{31}E_3)bzdz + \int_{-\frac{h_{sh}}{2}}^{\frac{h_{sh}}{2}} Y_s\delta bzdz + \int_{-\frac{h_{sh}}{2}-h_p}^{-\frac{h_{sh}}{2}} Y_p(\delta - d_{31}E_3)bzdz$$

$$(3.14)$$

式中:h_{sh} 和 h_p 分别为中间层和压电层的厚度值;δ 为双晶梁距离中性轴为 z 处的应变。将应变 $\delta = -z\partial^2 u_{rel}/\partial x^2$ 和电场 $E_3 = -v(t)/(2h_p)$ 代入之后,对上式中的积分进行求解,我们也就得到了

$$\hat{M}(x,t) = B\frac{\partial^2 u_{rel}(x,t)}{\partial x^2} + \vartheta v(t) \qquad (3.15)$$

在上式中,内弯矩(力学域)中存在的电学耦合效应是通过一个常数项 ϑ 来描述的,它可以表示为

$$\vartheta = -\frac{d_{31}Y_p b(h_p + h_{sh})}{2} \qquad (3.16)$$

$\vartheta v(t)$ 这个力学域中的压电耦合项仅仅是时间变量的函数,为了把它代入到运动方程式(3.6)中,必须将其乘以 $[H(x) - H(x-l)]$,$H(x)$ 是海维赛德函数[2]。然后,我们通过将 u_{rel} 用式(3.7)代替,并利用本征函数的正交性质[1],就可以将所得到的运动方程转换到模态坐标系中,即

$$\frac{d^2\eta_r(t)}{dt^2} + 2\xi_r\omega_r\frac{d\eta_r(t)}{dt} + \omega_r^2\eta_r(t) + \chi_r v(t) = -m\frac{\partial^2 u_b(x,t)}{\partial t^2}\int_{x=0}^{l}\phi_r(x)dx$$

$$(3.17)$$

式中:χ_r 包含了力学项和电学项,可以写为

$$\chi_r = \vartheta\frac{d\phi_r(x)}{dx}\bigg|_{x=l} \qquad (3.18)$$

从上式中不难注意到,环境阻尼项(式(3.5)或(3.6)中右端的第一项)带来的激励已经忽略掉了,如同文献[1,3,4]那样。

3.2.2 考虑反向力学耦合效应的电路方程

这一节中,我们利用式(3.12)和(3.13)给出的压电本构关系,来导出考虑反向力学耦合效应的电路方程[4]。电极上积聚的电荷可以通过对式(3.12)在整个表面进行积分来计算,即

$$q = \int_{x=0}^{l}(d_{31}Y_p\bar{\delta}_p + \varepsilon_{33}^S E_3)bdx \qquad (3.19)$$

式中: $\bar{\delta}_p$ 为压电层中面上的弯曲应变; b 为压电层的宽度。根据欧姆定律,负载电阻 R 上的电流就可以通过取电荷的时间导数来计算得到,于是有

$$i(t) = \frac{v(t)}{R} = \frac{\mathrm{d}}{\mathrm{d}t}\Big[\int_{x=0}^{l} (d_{31}Y_p\bar{\delta}_p + \varepsilon_{33}^{\mathrm{S}}E_3) b\mathrm{d}x \Big] \tag{3.20}$$

将应变 $\bar{\delta}_p = -z_c \partial^2 u_{\mathrm{rel}}/\partial x^2 (z_c = (h_p + h_s)/2)$ 和电场 $E_3 = -v(t)/(2h_p)$ 代入之后,我们就得到了

$$\Big(\frac{\varepsilon_{33}^{\mathrm{S}}bl}{2h_p} \Big)\frac{\mathrm{d}v(t)}{\mathrm{d}t} + \frac{v(t)}{R} = -Y_p d_{31}bz_c \int_{x=0}^{l} \frac{\partial^3 u_{\mathrm{rel}}(x,t)}{\partial x^2 \partial t}\mathrm{d}x \tag{3.21}$$

将式(3.7)给出的 $u_{\mathrm{rel}}(x,t)$ 代入到上式中,则有

$$\frac{C_p \mathrm{d}v(t)}{2\mathrm{d}t} + \frac{v(t)}{R} = \sum_{r=1}^{\infty} \alpha_r \frac{\mathrm{d}\eta_r(t)}{\mathrm{d}t} \tag{3.22}$$

式中: α_r 为常数,可以表示为

$$\alpha_r = -Y_p d_{31}bz_c \int_{x=0}^{l} \frac{\mathrm{d}^2\phi_r(x)}{\mathrm{d}x^2}\mathrm{d}x = -Y_p d_{31}bz_c \frac{\mathrm{d}\phi_r(x)}{\mathrm{d}x}\Big|_{x=l} \tag{3.23}$$

C_p 为压电片的电容,即

$$C_p = \varepsilon_{33}^{\mathrm{S}}bl/h_p \tag{3.24}$$

式中: $\varepsilon_{33}^{\mathrm{S}}$ 为常应变条件下的介电常数,可以表示为 $\varepsilon_{33}^{\mathrm{S}} = \varepsilon_{33}^{\mathrm{T}} - d_{31}^2 Y_p$。必须特别引起注意的是,压电单元可以表示成一个电流源与其内部电容的并联形式,于是电路中将包括外部的负载电阻 R,压电层的内部电容,以及电流源 $i_p(t)$[4]。

3.2.3 频响函数的推导

我们假定基础激励 $u_b(t)$ 是简谐型的,可以表示为

$$u_b = \mathrm{Re}\{\tilde{u}_b \mathrm{e}^{\mathrm{j}\omega t}\} \tag{3.25a}$$

于是,所有其他的时变参量将都是简谐型的,分别可以写为

$$v(t) = \mathrm{Re}\{\tilde{v}(t)\mathrm{e}^{\mathrm{j}\omega t}\} \tag{3.25b}$$

$$u(x,t) = \mathrm{Re}\{\tilde{u}(x)\mathrm{e}^{\mathrm{j}\omega t}\} \tag{3.25c}$$

$$u_{\mathrm{rel}}(x,t) = \mathrm{Re}\{\tilde{u}_{\mathrm{rel}}(x)\mathrm{e}^{\mathrm{j}\omega t}\} \tag{3.25d}$$

$$\eta_r(t) = \mathrm{Re}\{\tilde{\eta}_r \mathrm{e}^{\mathrm{j}\omega t}\} \tag{3.25e}$$

式中：$\tilde{u}_b$、$\tilde{v}$、$\tilde{u}$、$\tilde{u}_{rel}$ 和 $\tilde{\eta}_r$ 均为对应参量的复数幅值；ω 为激励频率，单位是 rad/s。将上面这些式子代入到式(3.17)中，重新整理之后可以得到[4]

$$\tilde{\eta}_r = \frac{F_r - \chi_r \tilde{v}}{\omega_r^2 - \omega^2 + j2\xi_r\omega_r\omega} \tag{3.26}$$

式中：

$$F_r = m\omega^2 \gamma_r^u \tilde{u}_b \tag{3.27a}$$

$$\gamma_r^u = \int_{x=0}^{l} \phi_r(x)\,dx = \frac{2\sigma_r}{\lambda_r}\sqrt{\frac{l}{m}} \tag{3.27b}$$

将式(3.25a)和式(3.25e)代入式(3.22)中，然后利用式(3.26)替换 $\tilde{\eta}_r$，整理之后可以得到电压频响函数 $\tilde{v}(\omega)$ 的表达式，即

$$\tilde{v}(\omega) = \frac{\tilde{v}}{-\omega^2\tilde{u}_b} = \frac{\displaystyle\sum_{r=1}^{\infty} \frac{-jm\omega\gamma_r^u\alpha_r}{\omega_r^2 - \omega^2 + j2\xi_r\omega_r\omega}}{\dfrac{1}{R} + j\omega\dfrac{C_p}{2} + \displaystyle\sum_{r=1}^{\infty} \frac{j\omega\alpha_r\chi_r}{\omega_r^2 - \omega^2 + j2\xi_r\omega_r\omega}} \tag{3.28}$$

不难看出，这个相对于基础加速度做了归一化的电压频响函数 $\tilde{v}(\omega)$，是将电压的复数幅值除以基础加速度 $\ddot{u}_b$ 的复数幅值得到的，而"电流频响函数"则是电流的复数幅值除以基础加速度复数幅值[4]。因此，电流频响函数的表达式就可以通过将电压频响函数与电阻 R 相除得到了。类似地，瞬时功率也就可以利用 v^2/R 计算得到，峰值功率也就变成了 $|\tilde{v}^2|/R$[2]。进一步，通过取电压频响函数的模的平方，并将其除以 R，也就可以获得所生成的电功率了，这个参量也称为"功率频响函数"[4]。在本书中，主要采用的是峰值功率或瞬态功率，这是为了与以往大多数的压电振动能量收集研究保持一致。顺便提及的是，平均功率的频响函数可以通过将峰值功率除以 2 得到。

将式(3.28)代入式(3.26)，并利用式(3.7)，可以得到自由端的相对位移频响函数，即

$$\beta(\omega) = \frac{\tilde{u}_{rel}(l)}{-\omega^2\tilde{u}_b} = -\sum_{r=1}^{\infty}\left\{\gamma_r^u - \chi_r \frac{\displaystyle\sum_{r=1}^{\infty}\frac{j\omega\gamma_r^u\alpha_r}{\omega_r^2 - \omega^2 + j2\xi_r\omega_r\omega}}{\dfrac{1}{R} + j\omega\dfrac{C_p}{2} + \displaystyle\sum_{r=1}^{\infty}\frac{j\omega\alpha_r\chi_r}{\omega_r^2 - \omega^2 + j2\xi_r\omega_r\omega}}\right\}\times$$

$$\frac{m\phi_r(l)}{\omega_r^2 - \omega^2 + j2\xi_r\omega_r\omega} \tag{3.29}$$

如同上面提及的（式（3.25d）），$\tilde{u}_{rel}(l)$是自由端相对位移的复数幅值。在测试过程中,可以借助激光传感器来测量自由端的振动,它可以记录下自由端的绝对位移或绝对速度。从式（3.1）可以看出,自由端的绝对位移频响函数与相对位移频响函数之间是通过如下关系式联系起来的,即[4]

$$\beta_{abs}(\omega) = -\frac{1}{\omega^2} + \beta(\omega) \tag{3.30}$$

3.2.4　单个模式的频响函数的简化表达式

在压电振动能量收集研究中,大多只考虑第一阶模式,因为该模式的模态因子占据主导地位。前一节中得到的频响函数中已经包含了所有模式的贡献,实际上这些频响函数还可以简化为单个模式情形（一阶模式或者任意特定的模式r）[4]。在求解式（3.28）和（3.29）时仅针对单个模式（模式r）进行,我们就能够得到单模式频响函数,由此得到的简化表达式可表示为

$$\tilde{v}(\omega)\big|_r = \frac{-j2\omega mR\gamma_r^u\alpha_r}{(2+j\omega C_p R)(\omega_r^2 - \omega^2 + j2\xi_r\omega_r\omega) + j2\omega R\alpha_r\chi_r} \tag{3.31}$$

$$\beta(\omega)\big|_r = \frac{-(2+j\omega C_p R)m\gamma_r^u\phi_r(l)}{(2+j\omega C_p R)(\omega_r^2 - \omega^2 + j2\xi_r\omega_r\omega) + j2\omega R\alpha_r\chi_r} \tag{3.32}$$

在式（3.31）和式（3.32）中,下标r为这个频响函数是在频率ω_r附近的单模式近似。

3.2.5　在非简谐基础激励情况中的应用

前面导出的频响函数表达式适用于简谐激励输入的情况,它们将梁的输出幅值（复数形式的自由端位移或电压）与基础激励的复数幅值联系了起来。考虑到系统是线性的,根据标准信号处理的相关理论[11],式（3.28）、（3.29）、（3.31）和（3.32）等所给出的频响函数也是适用于非简谐激励情况的[4]。对于确定性的信号u_b,频响函数表达式只需重新定义为输出信号与输入信号的傅里叶变换之比[11]。对于非确定性的信号或者说随机信号u_b,频响函数可以定义为关于输入功率谱密度的互谱密度[11]。例如,根据这一理论,式（3.28）或（3.31）右端的电压频响函数表达式将变成[4]

$$G_{\ddot{u}_b v}(\omega)/G_{\ddot{u}_b \ddot{u}_b}(\omega) \tag{3.33}$$

式中:$G_{\ddot{u}_b v}(\omega)$为信号$\ddot{u}_b$和v之间的互谱密度函数;$G_{\ddot{u}_b \ddot{u}_b}(\omega)$为$\ddot{u}_b$的功率谱密度函数。

3.3 模型的实验验证

这里我们针对上述的分布参数模型进行实验验证,将电压、电流、功率以及自由端位移等的实验结果与模型的仿真结果进行比较。图 3.3(b)给出了所采用的实验设置情况,使用了一根双晶梁,连接到一个电阻上,并在梁的一端夹紧,进而安装到一个电动激振器上,如图 3.3(a)所示。为使夹紧端的(由不平衡导致的)转动效应尽可能减小,在夹紧端的另一侧安装了一个完全相同的双晶梁,如图 3.3(a)所示[4]。如果只采用一根悬臂梁,正如以往的能量收集研究[2]中那样,在悬臂梁根部所产生的动态弯矩会使得夹紧端存在转动趋势。而在附加了另一根完全相同的悬臂梁之后,由激振器作用到夹紧端的外部力矩将大小相等而方向相反,因而能够消除这一转动趋势[4]。我们可以注意到,由于采用了对称型的悬臂构型,此处激振器上的力矩将会减小,这是因为在两根悬臂梁的根部处动态弯矩能够彼此抵消。对于实现基础的平动激励且不想引入基础转动来说,这是一种非常方便的措施,可以参阅文献[4,12,13]。

实验采用的双晶片是 Piezo System 公司生产的,每个都是由两个 PZT - 5H4E 层粘贴到薄铝梁上下表面上构成的。如同 3.2 节所指出的,这里的双晶片均为串联连接形式(图 3.3(a)),其材料特性、机电特性以及几何参数是由制造商提供的,如表 3.1 所列[4]。

表 3.1 压电能量收集双晶梁的特性参数[4]

特性参数	单位	值
梁和基础的长度	mm	60
梁和基础的宽度,b	mm	25
上下压电层的厚度,h_p	mm	0.267
基础的厚度,h_{sh}	mm	0.3
压电材料的杨氏模量,Y_p	GPa	62
基础材料的杨氏模量,Y_{sh}	GPa	72
铝基础层的材料密度	kg/m³	2700
压电层材料密度	kg/m³	7800
相对介电常数(常应力条件)		3800
压电常数,d_{31}	pm/v	−320

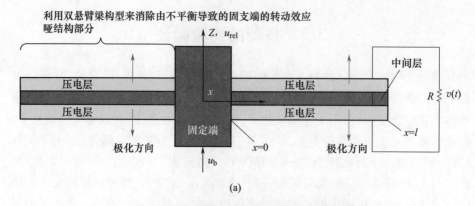

利用双悬臂梁构型来消除由不平衡导致的固支端的转动效应

哑结构部分

Z, u_{rel}

压电层

压电层

固定端

x

$x=0$

极化方向

u_b

压电层

压电层

中间层

R $v(t)$

$x=l$

极化方向

(a)

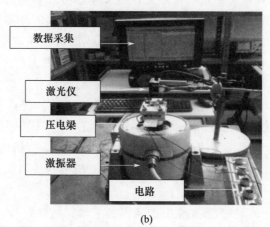

数据采集

激光仪

压电梁

激振器

电路

(b)

图3.3 (a)双悬臂梁(双晶)原理描述;(b)实验设置(见彩图)

所使用的激光传感器型号为 MEL M5L/4 - 10B24NK,分辨率0.0005mm,灵敏度为0.54V/mm。自由端的绝对位移信号就是用这个传感器测量得到的。基础(夹紧端)处的输入加速度信号是采用 PCB 352C22 型加速度传感器测量的,分辨率为0.002grms,灵敏度为9.08mV/g。

采用的外部电负载是一个电阻,并通过一个可变电阻器进行手动调节。另外,还采用了一个计算机控制的数据采集系统,带有 LMS Test. Lab Rev 7A 软件的 LMS Scadas 5,用于生成激励信号并传送给激振器,同时也用于信号处理和频响函数的计算[4]。

测试装置是由一个有限带宽白噪声随机信号激励的,其频谱范围为 0 ~ 320Hz(包含了无电学耦合情况下的一阶无阻尼固有频率 ω_1)。频响函数是利用数据采集软件通过计算信号的互谱密度和功率谱密度得到的,这些在 3.2.5 节中已经做过讨论。实验过程中,采用了 10 种不同的电负载,分别为 100Ω、1kΩ、

$5k\Omega$、$10k\Omega$、$15k\Omega$、$25k\Omega$、$50k\Omega$、$100k\Omega$、$500k\Omega$ 和 $1000k\Omega$[4]。当电负载为最小值 100Ω 时,测得的双晶构型的一阶模式固有频率为 121.7Hz,当负载 R 进一步增大到下一个较大值($1k\Omega$)时,这一频率值没有明显的变化[4]。于是可以认为,短路条件下无电学耦合的一阶模式共振频率 ω_1 也就是 121.7Hz。应当注意的是,这个频率值是非常接近理论值的,即式(3.11)的计算结果(121.1Hz)。从图 3.4(a)中我们可以看出,在所有负载电阻情况下,输入随机信号 $\ddot{u}_b$ 的最大值都不超过 1g。另外,通过检查 v 和 $\ddot{u}_b$ 以及 $u(l,t)$ 和 $\ddot{u}_b$ 之间的相干函数,我们可以确认这个能量收集系统是处于线性工作范围内的[4]。事实上对于一个线性系统,在不存在测量噪声的情况下,相干函数应当靠近值 1(在感兴趣的频率范围内)[11]。从图 3.4(c)中不难发现,对于负载电阻 $1k\Omega$ 情况中的电压频响函数与自由端速度频响函数的实验结果(图 3.4(b))来说,这里的相干函数确实是接近 1(在一阶共振频率附近)。

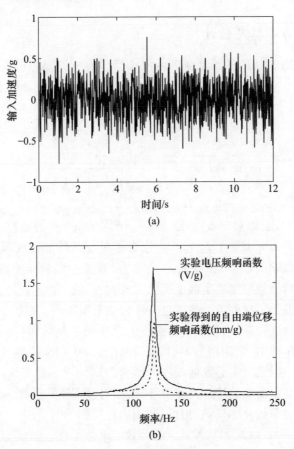

(a)

(b)

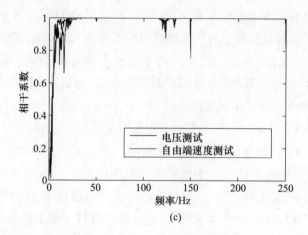

图 3.4　基础处的输入加速度 $\ddot{u}_\mathrm{b}$(a)、1kΩ 条件下自由端速度和
电压频响函数实验结果(b)及其对应的相干函数(c)(见彩图)

3.3.1　力学阻尼估计

对于较小的电阻 R，单模式频响函数式(3.31)~(3.32)可以近似表示为

$$\tilde{v}(\omega)\big|_r \approx \frac{-\mathrm{j}\omega m R \gamma_r^u \alpha_r}{\omega_r^2 - \omega^2 + \mathrm{j}2\left(\xi_r + \dfrac{R\alpha_r \chi_r}{2\omega_r}\right)\omega_r \omega} \tag{3.34}$$

$$\mathrm{j}\omega\beta(\omega)\big|_r \approx \frac{-\mathrm{j}\omega m \gamma_r^u \phi_r(l)}{\omega_r^2 - \omega^2 + \mathrm{j}2\left(\xi_r + \dfrac{R\alpha_r \chi_r}{2\omega_r}\right)\omega_r \omega} \tag{3.35}$$

不难注意到，上面对 $\beta(\omega)\big|_r$ 乘上了一个因子 $\mathrm{j}\omega$，目的是得到与 $\tilde{v}(\omega)\big|_r$ 相似的表达形式。实际上这个 $\mathrm{j}\omega\beta(\omega)\big|_r$ 代表了单位基础加速度幅值对应的自由端相对速度的频响函数(单模式表达)[4]。根据模态实验相关理论[14]，如果将上面这两个频响函数绘制成实部虚部形式，将会构成一个通过原点的圆，且一条直径处于水平轴上。这种类型的图也常称为奈奎斯特图。在图 3.5 中这一点也得到了近似的验证，其中绘制了实验测得的电压频响函数和自由端相对速度频响函数的奈奎斯特图(电阻值为 1kΩ，频率范围为 80~160Hz)，图中所显示的圆形是借助最小二乘法对实验数据点进行拟合得到的[4]。这里应注意的是，激光传感器测出的是自由端的绝对位移信号，而相对速度频响函数 $\mathrm{j}\omega\beta(\omega)$ 是根据这个绝对位移频响函数 $\beta(\omega)$ 计算出的，利用的是式(3.30)。

根据式(3.34)~(3.35)，模式 r 的等效机电阻尼比 $\hat{\xi}_r$ 就可以表示为

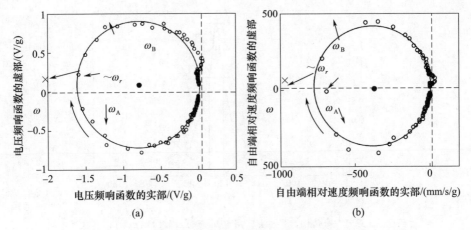

(a)　　　　　　　　　　　　　(b)

图 3.5　1kΩ 条件下的奈奎斯特图[4]

(a)电压频响函数;(b)自由端相对速度频响函数。

(基于圆拟合方法对实验数据进行处理的结果)

$$\hat{\xi}_r = \xi_r + \frac{R\alpha_r \chi_r}{2\omega_r} \qquad (3.36)$$

借助式(3.34)或(3.35),并按照与文献[14]相似的方法;这个阻尼比 $\hat{\xi}_r$ 就可以通过半功率点公式来计算,即

$$\hat{\xi}_r = \frac{\omega_B - \omega_A}{2\omega_r} \qquad (3.37)$$

进一步,根据式(3.34)~(3.35)可知, $\omega = \omega_r$ 这一条件给出的是频率与实轴的交点。在模态实验理论[14]中已经阐明了在形如式(3.34)~(3.35)的频响函数中,这个条件近似描述了实验测得的奈奎斯特图中,两个相继数据点之间的间距最大的位置[4]。可以看出,图 3.5 中也验证了这一条件的正确性。进一步,半功率点频率 $\omega_{A,B}$ 是位于 ω_r 两侧90°方位上的,于是式(3.37)中所需的这两个频率值可以在图 3.5 这个奈奎斯特图中标出(借助圆拟合)。除了圆拟合方法之外,还可以通过自由端速度频响函数或电压频响函数的幅值 – 频率图(借助"峰值幅度"方法[14])来对这两个频率值进行定位,如图 3.6 所示[4]。

如表 3.2(a)所列,其中给出了利用上述两种方法(峰值幅度法,圆拟合法)得到的 $\hat{\xi}_r$ 的估计值(针对每种类型的频响函数,即自由端速度频响函数和电压频响函数)。我们可以注意到,这些估计值都是十分靠近的。然而,一般来说,圆拟合方法要更为可靠一些,因为峰值幅度方法对于数据点的频率分辨率十分敏感[4]。此外还可以注意到,当电阻 R 远小于1kΩ 时,在电压频响函数中能够

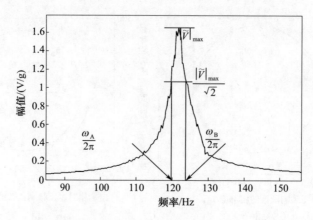

图 3.6　基于"峰值幅度"方法利用电压频响函数(1kΩ 处)计算阻尼

观察到十分显著的噪声污染,这主要是由于式(3.34)中的分子是直接跟电阻 R 成正比关系的。反过来,自由端的速度频响函数却可以给出短路条件下更好的结果,这一点从式(3.35)中不难看出[4],不过这个频响函数却对激光头的振动所引入的误差较为敏感。在确定了等效机电模态阻尼比 $\hat{\xi}_r$ 之后,我们就可以根据式(3.36)确定出力学模态阻尼比 ξ_r 了,因为该式第二项中的所有其他参数都是已知的[4]。在表 3.2(b)中,已经列出了 ξ_r 的估计值,它们的平均值可用于计算理论频响函数。

表 3.2　模态阻尼比的估计[4]

(a)等效机电模态阻尼比多 $\hat{\xi}_r$			
频响函数	负载 R(kΩ)	圆拟合 $\hat{\xi}_r$(%)	峰值 $\hat{\xi}_r$(%)
自由端相对速度频响函数	1	1.3	1.33
电压频响函数	1	1.45	1.48
(b)力学模态阻尼比 $\hat{\xi}_r$			
频响函数	负载 R(kΩ)	圆拟合 $\hat{\xi}_r$(%)	峰值 $\hat{\xi}_r$(%)
自由端相对速度频响函数	1	1.0	1.03
电压频响函数	1	1.15	1.18

应当指出的是,在文献[2]中 ω_r 是短路条件下的固有频率,因此 ξ_r 是借助试错法通过对式(3.31)或式(3.32)的理论幅值 - 频率图与测试结果进行拟合得到的。很显然,这里所给出的奈奎斯特图方法不仅回避了试错过程,而且还更有利于获得更深入的理解,是一个验证理论分析的好方法[4]。

3.3.2 实验频响函数与理论频响函数的对比

这一节中,我们将给出电压、电流、功率和自由端速度的频响函数,并对实验结果和理论分析结果进行对比讨论。这些频响函数对应了不同的电阻值情形,从 $10^2\Omega$("短路"状态)到 $10^6\Omega$("开路"状态)。应当特别注意的是,能量收集装置的共振频率是依赖于负载电阻值的,它位于频响函数幅值最大的频率点处。对于一个给定的负载电阻来说,所有电学的和力学的频响函数的峰值几乎是出现在同一个频率点上的[4]。这一现象也跟本章给出的数学模型的仿真结果是一致的。前面已经提及,对于 $1\mathrm{k}\Omega$ 这种极小的电阻,该装置的共振频率为 121.7Hz。这主要是因为,对于很小的非零电阻来说,电学效应类似于一个与 R 成比例的黏性阻尼,这一点可以从式(3.35)看出[4]。另外,能量收集装置的共振频率会随着负载电阻值的增大(直到 500kΩ)而增大。在下面几个小节中,我们将针对单模式情况(即式(3.31)~(3.32),$r=1$)给出仿真结果,而忽略高阶模式的影响。为了方便起见,我们将从式(3.31)~(3.32)得到的仿真结果乘以 $g(9.81\mathrm{m/s}^2)$,从而与实验中测试通道获得的基础加速度读数的单位保持一致。

3.3.2.1 电压频响函数的幅值图

在图 3.7 中,我们将实验测得的和理论计算出的电压频响函数做了对比,其中考虑了不同的负载电阻值情况。从电压频响函数的幅值频率图中不难发现,从短路状态到开路状态,共振频率是逐渐增大的。需要指出的是,当电阻为 500kΩ 时,测得的共振频率为 128.6Hz,而当电阻增大到 1MΩ 时,共振频率几乎不受影响[4],因此这个频率值可以视为"开路状态"下的共振频率。理论预测的开路频率是 128.4Hz,显然它与实验值 128.6Hz 是相当吻合的。

理论分析层面上,共振频率随电阻值的变化,可以通过取式(3.31)中的 $\tilde{v}(\omega)|_r$ 的模,对 ω 求导,并令其为零来得到[4]。所得到的方程是关于 ω^2 的三次多项式形式,即

$$A_a\left(\omega^2\right)^3 + A_b\left(\omega^2\right)^2 + A_c\omega^2 + A_d = 0 \qquad (3.38)$$

式中:

$$A_a = 2K_a^2,\ A_b = 4 + K_a^2 K_b^2 - 2\omega_r^2 K_a^2 - 2K_a K_c,\ A_c = 0,\ A_d = -4\omega_r^4$$

$$(3.39\mathrm{a}-\mathrm{c})$$

$$K_a = RC_p,\ K_b = 2\xi_r\omega_r,\ K_c = 2R\alpha_r\chi_r \qquad (3.40\mathrm{a}-\mathrm{c})$$

于是,在给定电阻值 R 的情况下,共振频率就是方程式(3.38)的正实根 ω,

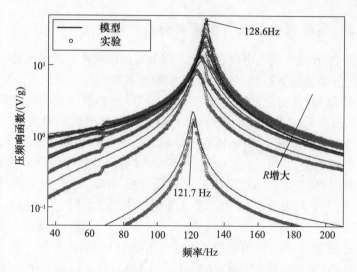

图 3.7 6 种不同负载电阻值($1k\Omega,10k\Omega,25k\Omega,50k\Omega,100k\Omega,500k\Omega$)
条件下生成电压的频响函数[4]

而针对 $r=1$(基本模式)对一系列的 R 值求解后就得到了图 3.8 所示的曲线[4]。在较小的电阻值处,我们可以发现曲线的切线是近乎水平的,这表明了共振频率关于 R 的变化率是很小的(在较小的 R 值处),这与前面指出的"较小电阻情况下,电学效应仅相当于黏性阻尼效应"是相一致的[4]。

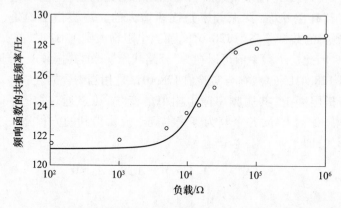

图 3.8 共振频率随电负载的变化(数据点代表实验结果,黑线代表理论结果)

在对应的共振频率点处,电压频响函数的幅值是随着负载电阻值的增大而单调增大的,如图 3.7 所示。这一变化规律在图 3.9 中也得到了验证,该图中将电压频响函数的幅值(共振点处,也称为共振电压幅值)绘制成了负载电阻的函数形式[4]。理论曲线是通过计算理论共振频率点处(图 3.8)$\tilde{v}(\omega)|_r$ 的模得

到的[4]。

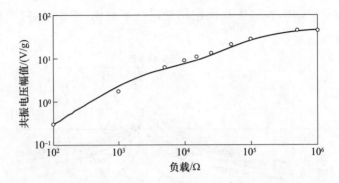

图 3.9　共振电压幅值随电负载的变化(数据点代表实验结果,曲线代表理论结果)

图 3.7 表明,在固定的频率点处,电压频响函数的幅值也是随着电负载的增大而单调增大的,这一点进一步在图 3.10 中得到了体现,其中给出了短路频率和开路频率处不同电负载情况下的电压频响函数的幅值[4]。

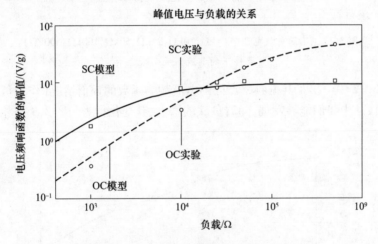

图 3.10　开路和短路频率处的电压幅值

根据图 3.10 可知,在这两个频率点处的电压输出值是以相似的方式增大的,不过在较低负载条件下,短路频率处的输出要更高一些,因为此时的系统更接近于短路状态[1,4]。

由于类似的原因,开路频率处的电压或较高负载下的电压要比短路频率处更高一些,因为此时的系统更接近于开路状态。

3.3.2.2　电流频响函数的幅值图

电流频响函数与电阻之间也表现出了类似的单调变化趋势,不过与电压频响函数情况是相反的,随着负载的增大,输出电流幅值是逐渐降低的。图3.11将电流频响函数的实验结果和理论结果进行了对比,考虑了各种负载电阻值(1~500kΩ)。

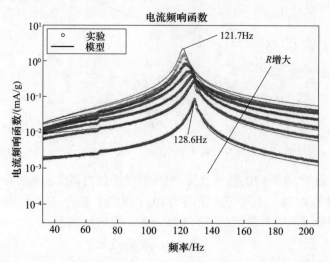

图3.11 不同负载电阻值(1kΩ,10kΩ,25kΩ,50kΩ,100kΩ,500kΩ)
条件下的电流频响函数[4]

图3.12 中给出了共振频率点处的电流频响函数的幅值情况(作为负载电阻的函数),从中我们能够发现,随着负载的增大,其变化行为与图3.9 是相反的。

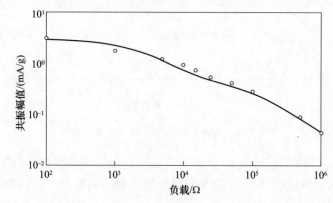

图3.12 共振电流幅值随电负载的变化(数据点代表实验结果,曲线代表理论结果)

图3.13 揭示了电负载变化时电流频响函数幅值的变化情况,针对的是短路频率和开路频率,可以再次发现随着电负载的增大,其行为与图3.10 是恰好相反的[4]。

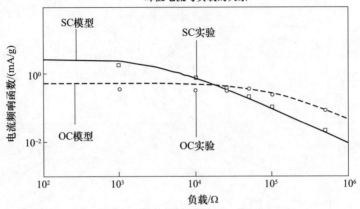

图 3.13   开路和短路频率处的电流幅值

3.3.2.3 输出功率频响函数

功率频响函数可以借助已经建立的电路关系定义为 $|\tilde{v}^2(\omega)|/R$，或者也可以表示为电压与电流频响函数的模的乘积。由于负载变化时，电压和电流频响函数的变化情况恰好相反，因而功率频响函数的变化将不再是单调的[4]。这一点可以从图 3.14 中看出，其中针对 6 种不同负载值将功率频响函数的理论结果与实验结果进行了对比。我们可以注意到，功率频响函数的最大点出现在图 3.8 给出的共振频率处，这些最大点对应的值可以称为"共振功率"[4]。图 3.15 给出了这个共振功率随电负载的变化情况，理论结果曲线表明共振功率在 3kΩ、16.2kΩ 和 85kΩ 处存在拐点，而中间的负载值对应了局部极小点，另外两个则对应了相同的最大点[4]。这里需要注意的是，水平轴是对数刻度的，因此如果在线性水平轴上表示时，出现在低负载侧(水平刻度线代表了较小的增量)的第一个峰会显得更为陡峭一些。此外，从实验数据点可以发现，最优共振负载值位于 50kΩ 和 100kΩ 之间，这也验证了理论曲线给出的 85kΩ 这个最优共振负载值。

图 3.15 中的共振功率曲线可以通过将图 3.9 中的共振电压频响函数值做平方处理，然后再除以对应的负载值得到[4]。不过，在对电压频响函数值做平方处理时，理论值和实验值之间的偏差会被放大。图 3.15 中的这一偏差显得很大的另一个主要原因在于，纵坐标轴的范围要比图 3.9 窄得多(图 3.15 中是 1~10，而图 3.9 中是 0.1~100)[4]。

图 3.16 针对两个固定频率点处(即开路共振频率和短路共振频率)的激励，给出了不同负载条件下功率频响函数的变化情况。可以发现，这些曲线只有一个拐点，并且短路和开路状态下的功率最大值几乎是相同的[4]。从图 3.16 还

47

可以看出,当系统工作于短路频率激励下时,最优负载要更小一些。

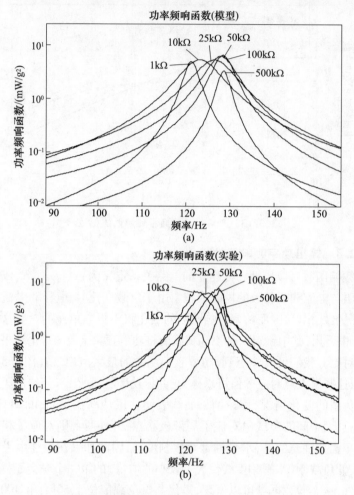

图 3.14 功率频响函数的比较:模型和实验结果[4]

3.3.2.4 自由端的位移频响函数

如图 3.17 所示,针对 6 种不同的电负载,给出了自由端绝对位移频响函数 $\beta_{abs}(\omega)$ 的理论和实验结果。正如本节开始处曾经指出的,$\beta_{abs}(\omega)$ 是由激光传感器记录下的,因而这里的理论结果是通过求解式(3.32)和(3.30)得到的。我们可以看出,对于不同的电负载来说,测得的和计算得到的自由端位移响应幅值均表现出了相似的行为(上升和下降)。值得注意的是,电负载的任何变动不仅会影响到自由端位移幅值,而且也会使系统的共振频率发生改变,其改变方式与电压、电流和功率频响函数中是类似的[4]。在这里的分析中,共振发生在 100Hz

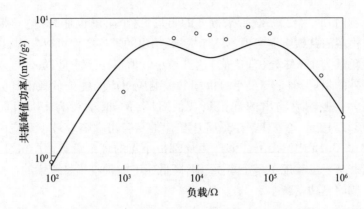

图 3.15　共振频响函数随负载电阻的变化(理论曲线和实验数据点)

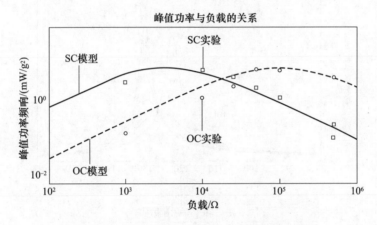

图 3.16　开路和短路共振频率处的功率频响函数

以上(即 121 ~ 128Hz),式(3.30)中的 $1/\omega^2$ 项的影响几乎可以忽略不计,于是 $\beta_{\text{abs}}(\omega)$ 和 $\beta(\omega)$ 的共振是相互一致的。为了确定给定负载条件下的理论共振频率,我们可以对式(3.32)中的相对位移频响函数的模求微分,并令其为零[4]。附录 B 中已经给出了这一处理得到的多项式方程,读者可以参阅。将从这个方程计算出的共振频率(不同的电负载下)绘制成图后,可以发现跟图 3.8 是相似的。在图 3.18 中我们进一步针对不同电负载,给出了 $\beta_{\text{abs}}(\omega)$ 的共振点的变化情况,包括了理论结果和实验结果。从中不难观察到,在较低负载或短路状态下,生成的电功率几乎可以忽略,不过自由端的共振响应却很大。随着电负载逐渐增大到特定的值时,这个共振响应是逐渐减小的,当超过这个特定的电负载值后,共振响应又将开始逐渐增大,直到达到开路状态,此时生成的电功率也是可以忽略不计的了[4]。出现这一变化过程,是因为当机械能转换成电能(在一定电负载范围内)时,会给系统带来额外的阻尼,这个阻尼也称为"电学阻尼",它会降低自由端的共振响应幅值。从图 3.18 给出的理论图像可以发现,自由端共振响应在负载为 17kΩ 处(理论值)达到最小。值得注意的是,虽然电功率生成会带来额外的阻尼,但是与最小自由端共振响应对应的理论负载值却并不跟能够提供最大共振功率输出的理论负载值对应,例如,前者为 17kΩ,而后者为 85kΩ(图 3.15)[4]。事实上,图 3.18 中给出的与自由端响应最小对应的理论负载值,是与图 3.15 中给出的能够产生局部极小点的理论负载值(16kΩ)紧密关联的。这一结果也验证了一个事实,即,降低压电能量收集悬臂梁的自由端响应会导致生成的电功率减小。

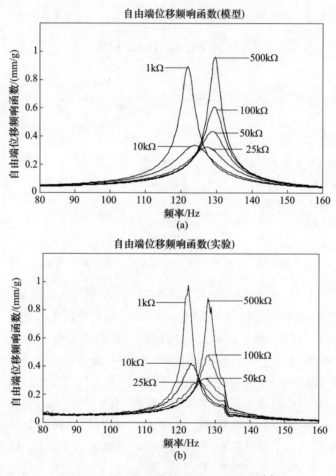

图 3.17 自由端绝对位移频响函数幅值[4]

(a)模型结果;(b)实验结果。

50

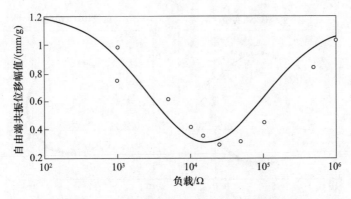

图 3.18   自由端绝对(或相对)位移频响函数共振值
随电阻的变化(理论曲线和实验数据点)

图 3.18 和图 3.15 中通过实验数据也验证了上述结果,实验测得 25kΩ 这个电负载值将对应于自由端的最小共振响应和共振功率的局部极小点。值得引起重视的是,这一特征在文献[1]的理论分析中和文献[2]的理论与实验分析中都没有观测到,因为这些研究中在电阻值的调整过程中采用了更大的步长(与此处[4]相比)。

3.3.2.5   奈奎斯特图随负载的变化情况

以往的研究[2]只考察了频响函数的幅值(用于体现能量收集系统的输出情况),由于频响函数是复数函数,包含了幅值(幅值比)和相位两个方面的信息,因此有必要借助奈奎斯特图来更加彻底地验证式(3.31~3.32)得到的频响函数[4]。图 3.19 和图 3.20 中分别给出了电压和自由端速度频响函数随电负载变化的奈奎斯特图。可以注意到,这两个频响函数对应的图像几乎都是圆形,电压频响函数圆的方位(相对于原点)会受到电阻值的显著影响,这与自由端速度频响函数圆(图 3.20)是不同的。这主要是由于电压频响函数与 R 值是直接成正比关系的,参见式(3.31),而自由端位移频响函数(式(3.32))的分子中电阻项比其他项要更小一些。理论结果和实验结果的奈奎斯特图都展现出了相同的模式(随着电负载的增大),这也有力地验证了模型的正确性。

我们注意到,虽然理论预测值与实验数据点之间已经表现出较为合理的相关性,然而在较高频率处主圆模式会出现一定的偏差,如图 3.19 和图 3.20 所示[4]。这些偏差表现为从主圆模式中生长出了小圆模式,它们位于 133Hz 附近,在实验测得的自由端频响函数幅值图 3.17(b)中可以看得更加清晰,而在图 3.7 所示的实验电压频响函数图中要稍微不明显一些。导致这一现象的可能原因在于,实验中有可能不经意地激发出了扭转模式(不希望出现的)。

51

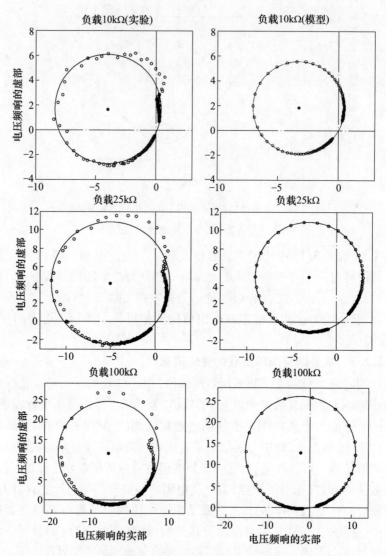

图 3.19　电压频响函数的奈奎斯特图描述(利用圆拟合
对数据点进行处理;顺时针方向 ω 增大)[4]

3.3.2.6　理论的局限性

总体而言,尽管存在一些偏差,但是实验测试结果仍然表现出了与理论结果
较好的一致性。应当指出的是,仅从测试误差这一角度是不足以说明这些偏差
的[4]。事实上,在压电能量收集系统的数学建模过程中所提出的一些假设也会
带来相应的误差,其中包括:

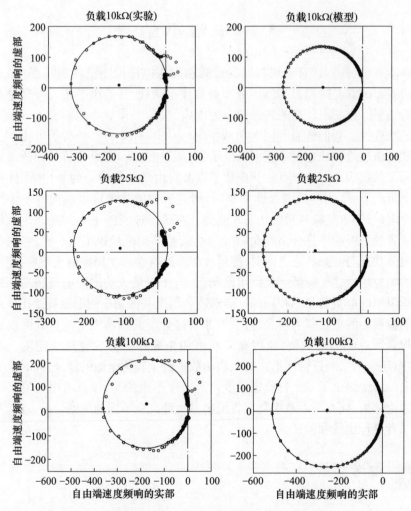

图 3.20　自由端速度频响函数的奈奎斯特图描述

（利用圆拟合对数据点进行处理;顺时针方向 ω 增大）[4]

（1）每个压电层的上下表面上覆盖的电极是理想导电的,因此每个电极面都具有单一的电势。

（2）压电层和中间金属层的粘接是理想的,黏结剂的阻抗忽略不计[4]。

应当注意的是,这里的双晶片是由 Piezo Systems 公司提供的,该公司同时还提供了表 3.1 中的特性参数。由上述假设带来的误差可以等效为没有考虑在内的内部电阻抗,不过其机理要比简单的附加阻抗复杂得多,对其的建模问题已经超出了此处所关心的范畴,此处仅限于考虑简单的电阻[4]。

3.4　本　章　小　结

在本章中,我们针对受到基础振动激励的压电振动能量收集装置(固支 -自由边界下的双晶构型),考察了分布参数建模问题,并给出了相关的理论和实验分析结果。在相对较高的共振频率范围内,实验工作成功地验证了分布参数模型的准确性。我们针对不同电负载情况(从 $10^2 \sim 10^6 \Omega$),分析了电流、电压、功率和自由端位移或速度等频率响应函数,通过实验和理论分析得到的结果曲线揭示了共振频率、共振电压、共振功率以及自由端共振响应的变化情况(在不同的电负载下)。当电负载值非常小时,研究表明电学效应可以视为一个纯粹的黏性阻尼;当电负载从短路状态转变到开路状态时,数学模型预测指出该能量收集装置的共振频率将会出现 6% 的变化,实验结果也验证了这一点;当电负载处于短路状态与开路状态之间时,能量收集效应将会产生附加阻尼效应,使得自由端的响应幅值趋于降低。我们明确阐明了,生成最大功率的电负载与导致最大力学阻尼的电负载是不相同的。能够产生最大共振功率的电负载要比导致自由端响应最小的电负载大得多,且后者非常接近于共振功率 - 电负载曲线中的最小拐点所对应的负载值,原因在于功率的生成是由力学变形决定的[4]。此外,本章还采用奈奎斯特图形式对频响函数进行了较为全面的验证,同时也为力学阻尼的估计提供了一个自验证手段。最后应指出的是,本章给出的是基于模态的理论分析,而在下一章中我们将给出另一种完全不同的理论分析方法,并将对这二者进行比较和验证。

参考文献

1. Erturk, A., & Inman, D. J. (2008). Distributed parameter electromechanical model for cantilevered piezoelectric energy harvesters. *Journal of Vibration and Acoustics, 130*(4), 041002–041002.
2. Erturk, A., & Inman, D. J. (2009). An experimentally validated bimorph cantilever model for piezoelectric energy harvesting from base excitations. *Smart Materials & Structures, 18*(2), 025009–025009.
3. Roundy, S., Paul, K. W., & Rabaey, J. M. Energy scavenging for wireless sensor networks with special focus on vibrations (1st ed.). USA: Kluwer Academic Publishers.
4. Rafique, S., & Bonello, P. (2010). Experimental validation of a distributed parameter piezoelectric bimorph cantilever energy harvester. *Smart Materials and Structures, 19*(9).
5. DuToit, N., Wardle, L. W., & Kim, S. (2005). Design considerations for MEMS-scale piezoelectric mechanical vibration energy harvesters. *Integrated Ferroelectrics, 71,* 121–160.
6. Sodano, H. A., Park, G., & Inman, D. J. (2004). Estimation of electric charge output for piezoelectric energy harvesting. *Strain, 40*(2), 49–58.

7. Timoshenko, S., Young, D. H., & Weaver, W. (1974). *Vibration problems in engineering*. New York: John Wiley and sons Inc.
8. Inman, D. J. (2008). *Engineering vibrations* (3rd ed.). Pearson Prentice Hall.
9. Blevin, R. D. (1984). *Formulas for natural frequency and mode shape*. Malabar, FL: Robert E. Krieger Publishing Co.
10. *IEEE Standard on Piezoelectricity*. (1987). New York.
11. Bendat, J. S., & Piersol, A. G. (1971). *Random data: Analysis and measurement procedures*. Wiley Interscience.
12. Bonello, P., & Groves K. H. (2009). Vibration control using a beam-like adaptive tuned vibration absorber with an actuator-incorporated mass element. *Mechanical Engineering Science, 223*(7).
13. Kidner, M. R. F., & Brennan, M. J. (2002). Varying the stiffness of a beam-like neutraliser under fuzzy logic control. *Transaction of the ASME, J. Vibration and Acoustics, 124*, 90–99.
14. Ewins, D. J. (2000). Modal testing: Theory, practice, and application (2nd ed.). Baldock: Research Studies Press.

第4章 基于动刚度方法的
能量收集梁的建模

4.1 背 景 介 绍

第3章中主要采用了 Erturk 和 Inman 最早提出的解析模态分析方法（AMAM），对受基础激励的压电能量收集梁进行了建模和分析，目的是预测给定基础运动输入条件下所能产生的电学输出[1]。迄今为止，在现有压电振动能量收集方面的文献中，AMAM 的应用主要限于对简单的均匀截面悬臂梁（图4.1）的研究[1,2]。在本章中，将针对能量收集梁来对比两种不同的建模技术，并利用这些技术对一根双晶构型做理论分析。一种建模技术就是利用动刚度方法（DSM）来为能量收集梁建模[3]。DSM 或与之类似的机械阻抗方法[4,5]，对于分布参数式均匀截面的结构单元或此类单元的组合体来说，是推导其频响函数的一种非常强大的工具。结构单元的动刚度矩阵主要建立在运动方程的精确解基础之上，从而不再需要模态变换或者基函数变换了。因此，将动刚度方法应用于压电梁的分析之中，也就构成了一个可对 AMAM 模型（文献[1]和第3章）进行独立检验的手段。一般来说，DSM 主要考察的是力/位移频响函数，而机械阻抗方法则考察的是力/速度频响函数。因此，这两个方法仅仅相差一个因子 $j\omega$ 而已（此处的 ω 为圆频率，$j = \sqrt{-1}$）[4,5]。此外值得提及的是，均匀截面梁的动刚度矩阵还可以用于任意边界条件下的梁的建模，也可用于不同横截面的梁构成的组合体的建模[3]。

这里会再次给出第3章的一些与双晶构型情况相关的方程，主要是为了能够涵盖一般情况，即单晶和双晶构型（串联或并联）。

在本章所给出的两种方法中，都将采用欧拉－伯努利模型，且考虑了压电耦合效应，而外部电负载则是通过一般性的线性阻抗来描述的。此外，这里还将着重考虑阻尼问题，这一点要比第3章更为深入一些。

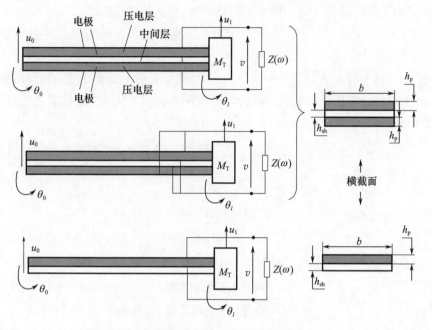

图 4.1　基础激励作用下的压电能量收集梁

（上图——串联双晶构型；中图——并联双晶构型；下图——单晶构型）[3]

4.2　建模问题

本节中的建模是针对图 4.1 所示的系统,我们假定电极是无限薄且无限软的,其阻抗可以忽略不计,并且覆盖了梁的整个长度"l"（图 4.1 以及其他的图中均以包围压电层的粗黑线来表示电极）。下标"p"和"sh"分别指代的是压电层和中间金属层。这里采用了欧拉－伯努利梁模型,并且考虑了如下所示的标准压电本构关系

$$D_3 = d_{31}\sigma_p + \varepsilon_{33}^T E_3 \tag{4.1}$$

$$\delta_p = \frac{\sigma_p}{Y_p} + d_{31}E_{31} \tag{4.2}$$

应当注意的是,为了把材料阻尼包含进来,在下面的分析中我们必须对式(4.1)和式(4.2)进行修正。

4.2.1　一般方程

这里所给出的数学模型是根据文献[3]得到的,为了完整性起见,此处仍然

给出了相关建模过程。对于所考察的梁来说,其运动方程可以表示为

$$m \frac{\partial^2 u}{\partial t^2} + \frac{\partial^2 M}{\partial x^2} + c_a \frac{\partial u}{\partial t} = 0 \tag{4.3}$$

式中:$u(x,t)$ 为时刻 t、位置 x 处的位移;c_a 为单位长度上周围介质的黏性阻尼系数;m 为单位长度的质量;$M(x,t)$ 为弯矩。在式(4.1)中引入阻尼项之后,应力就可以表示为

$$\sigma_p = Y_p \delta + c_p \dot{\delta} \pm d_{31} Y_p E_3 \tag{4.4}$$

$$\sigma_{sh} = Y_{sh} \delta + c_{sh} \dot{\delta} \tag{4.5}$$

式中:c_p 和 c_{sh} 为 Kelvin – Voigt 阻尼系数;E_3 可表示为

$$E_3 = -v(t)/(ah_p) \tag{4.6}$$

v 为电负载上的电压;a 为 1 或 2,即

$$a = \begin{cases} 2 & \text{双晶(压电层串联)} \\ 1 & \text{双晶(压电层并联)或单晶} \end{cases} \tag{4.7}$$

在式(4.4)中,负号针对的是单晶构型。如果是双晶构型,那么负号和正号分别针对上层和下层(串联情况具有相同的 E_3,因此极化方向相反,即系数为 $\pm d_{31}$;并联情况具有大小相等方向相反的 E_3,因此极化方向相同)。距离中性轴为 z 处的应变 δ 可表示为

$$\delta = -z\partial^2 u / \partial x^2 \tag{4.8}$$

将式(4.6)和式(4.8)代入式(4.4)和式(4.5)中,并在横截面上对 $-\sigma z$ 进行积分(关于 z),我们可以得到弯矩为

$$M(x,t) = B \frac{\partial^2 u}{\partial x^2} + A \frac{\partial^3 u}{\partial x^2 \partial t} + \vartheta v(t) \tag{4.9}$$

式中:

$$B = Y_p I_p + Y_{sh} I_{sh} \tag{4.10}$$

$$A = c_p I_p + c_{sh} I_{sh} \tag{4.11}$$

I 为关于中性轴的截面惯性矩。对于一个双晶构型来说,电学耦合项 ϑ 可表示为

$$\vartheta = -d_{31} Y_p b (h_p + h_{sh})/a \tag{4.12}$$

对于一个单晶构型来说,ϑ 的表达式可以参见文献[3]。将式(4.9)代入式(4.3),我们就可以得到梁的运动方程,即

$$B \frac{\partial^4 u}{\partial x^4} + A \frac{\partial^5 u}{\partial x^4 \partial t} + c_a \frac{\partial u}{\partial t} + m \frac{\partial^2 u}{\partial t^2} = 0 \tag{4.13}$$

将式(4.4)给出的应力代入式(4.2)中,可以得到 D_3 的表达式为

$$D_3 = d_{31} Y_p \delta + d_{31} c_p \dot{\delta} + \varepsilon_{33}^S E_3 \tag{4.14}$$

$$\varepsilon_{33}^S = \varepsilon_{33}^T - d_{31}^2 Y_p \tag{4.15}$$

以往的研究[1](第3章就建立在此基础上)中忽略了式(4.14)中的第二项,当然这可能是因疏忽而造成的,因为在文献[1]中只是将材料阻尼引入到了式(4.13)中(本章有所不同,方程中的材料阻尼项是通过对式(4.1)的修正得到的)。或者也有可能是,文献[1]中省略了这一项是因为将其视为小量,而且 c_p 是难以量化的。这一项在下面的分析中也将予以省略,不过其合理性将在 4.3.3 节中加以讨论。我们考虑上压电层中部截面处的应变($z = h_{pc}$),将其在整个面积上积分,然后对时间变量求导数,也就得到了电流 i 可表示为

$$i(t) = f\beta \int_0^l \frac{\partial^3 u}{\partial x^2 \partial t} \mathrm{d}x - \frac{f}{a} C_p \dot{v} \tag{4.16}$$

式中:

$$\beta = -d_{31} Y_p h_{pc} b \tag{4.17}$$

$$C_p = \varepsilon_{33}^S bl / h_p \tag{4.18}$$

$$f = \begin{cases} 1 & \text{双晶(串联),或单晶} \\ 2 & \text{双晶(并联)} \end{cases} \tag{4.19}$$

4.2.2 动刚度方法

在动刚度方法中,假定的是简谐型激励。不妨令 $\tilde{u}$ 为 u 的复数幅值,即 $u(x,t) = \mathrm{Re}\{\tilde{u}(x)e^{j\omega t}\}$。对于其他时变参量,也采用类似的表示方法。于是,运动方程式(4.13)就可以简化表示为

$$\frac{\mathrm{d}^4 \tilde{u}}{\mathrm{d}x^4} - k^4 \tilde{u} = 0 \tag{4.20}$$

式中:k 为波数,其表达式为

$$k = \omega^{\frac{1}{2}} \left\{ \frac{m}{\widehat{B}/[1 - jc_a/(m\omega)]} \right\}^{\frac{1}{4}} \tag{4.21}$$

$$\widehat{B} = B(1 + j\omega A/B) \tag{4.22}$$

现在需要获得的是带有自由端质量的梁(图4.2(a))的动刚度矩阵 $\boldsymbol{D}$,它应

满足如下关系,即

$$\boldsymbol{f}=\boldsymbol{D}\boldsymbol{u}, \boldsymbol{f}=\begin{bmatrix}\tilde{F}_0 & \tilde{\Gamma}_0 & \tilde{F}_l & \tilde{\Gamma}_l\end{bmatrix}^{\mathrm{T}}, \boldsymbol{u}=\begin{bmatrix}\tilde{u}_0 & \tilde{\theta}_0 & \tilde{u}_l & \tilde{\theta}_l\end{bmatrix}^{\mathrm{T}} \quad (4.23)$$

式中:$\boldsymbol{f}$ 和 $\boldsymbol{u}$ 分别为外部激励和位移的复数幅值矢量。

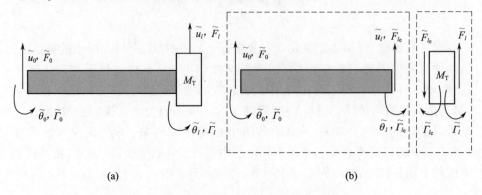

(a)   (b)

图 4.2　能量收集梁的自由体受力图(未显示阻尼力)[3]

(a)组件图;(b)分解图。

首先我们需要导出梁自身的动刚度 $\boldsymbol{D}_e$,它满足

$$\boldsymbol{f}_e=\boldsymbol{D}_e\boldsymbol{u}, \boldsymbol{f}_e=\begin{bmatrix}\tilde{F}_0 & \tilde{\Gamma}_0 & \tilde{F}_{l_e} & \tilde{\Gamma}_{l_e}\end{bmatrix}^{\mathrm{T}} \quad (4.24)$$

式(4.20)的解可以表示为

$$\tilde{u}(x)=C_1\cosh kx+C_2\sinh kx+C_3\cos kx+C_4\sin kx \quad (4.25)$$

弯矩和剪力的复数幅值可表示为

$$\tilde{M}(x)=\widehat{B}\tilde{u}''+\vartheta\tilde{v} \quad (4.26)$$

$$\tilde{Q}(x)=\tilde{M}'=\widehat{B}\tilde{u}''' \quad (4.27)$$

如果令 Z 为电负载的阻抗,$\tilde{v}=\tilde{i}Z$,那么根据式(4.16)可得

$$\tilde{v}=G\int_0^l\tilde{u}''\mathrm{d}x=G(\tilde{\theta}_l-\tilde{\theta}_0) \quad (4.28)$$

$$G=\frac{\mathrm{j}\omega f\beta}{\mathrm{j}\omega(f/a)C_p+1/Z} \quad (4.29)$$

随后就可以导出 $\boldsymbol{D}_e$。利用式(4.25),并考虑位移边界条件(在 $x=0$ 处 $\tilde{u}=\tilde{u}_0,\tilde{u}'=\tilde{\theta}_0$;在 $x=l$ 处 $\tilde{u}=\tilde{u}_l,\tilde{u}'=\tilde{\theta}_l$),不难得到

60

$$u = Ac \tag{4.30}$$

式中:$c = \begin{bmatrix} C_1 & C_2 & C_3 & C_4 \end{bmatrix}^T$;$A$ 为 4×4 矩阵。

利用式(4.26)和式(4.27),并应用力/力矩边界条件(在 $x = 0$ 处,$\tilde{Q} = \tilde{F}_0$,$\tilde{M} = -\tilde{\Gamma}_0$;在 $x = l$ 处,$\tilde{Q} = -\tilde{F}_{l_e}$,$\tilde{M} = \tilde{\Gamma}_{l_e}$),我们可以得到

$$f = Bc \tag{4.31}$$

式中:B 为 4×4 矩阵。

从式(4.30)和式(4.31)中消去 c 可得

$$D_e = BA^{-1} \equiv \begin{bmatrix} s_1 & s_2 & s_3 & s_4 \\ s_2 & s_5 & -s_4 & s_6 \\ s_3 & -s_4 & s_1 & -s_2 \\ s_4 & s_6 & -s_2 & s_5 \end{bmatrix} + \vartheta G \begin{bmatrix} 0 & 0 & 0 & 0 \\ 0 & 1 & 0 & -1 \\ 0 & 0 & 0 & 0 \\ 0 & -1 & 0 & 1 \end{bmatrix} \tag{4.32}$$

式中:

$$s_1 = \widehat{B}k^3(\cosh kl \sin kl + \sinh kl \cos kl)/\Delta \tag{4.33}$$

$$s_2 = \widehat{B}k^2(\sinh kl \sin kl)/\Delta \tag{4.34}$$

$$s_3 = -\widehat{B}k^3(\sin kl + \sinh kl)/\Delta \tag{4.35}$$

$$s_4 = -\widehat{B}k^2(\cos kl - \cosh kl)/\Delta \tag{4.36}$$

$$s_5 = \widehat{B}k(\cosh kl \sin kl - \sinh kl \cos kl)/\Delta \tag{4.37}$$

$$s_6 = \widehat{B}k(\sinh kl - \sin kl)/\Delta \tag{4.38}$$

$$\Delta = 1 - \cosh kl \cos kl \tag{4.39}$$

式(4.32)中的第一项就是梁在无电学耦合情况下的动刚度矩阵,可在短路状态下($Z \to 0$ 时,见式(4.29))得到。

进一步,对于带自由端质量的梁,动刚度矩阵可由下式给出

$$D = D_e + \begin{bmatrix} \mathbf{0} & \mathbf{0} \\ \mathbf{0} & D_m \end{bmatrix}, D_m = \begin{bmatrix} -\omega^2 M_T + j\omega(c_a/m)M_T & 0 \\ 0 & -\omega^2 I_T \end{bmatrix} \tag{4.40}$$

式中:M_T 和 I_T 分别为质量和惯性矩。从式(4.40)不难发现,环境对自由端质量产生的阻尼系数已经包含在内,即与质量成正比的$(c_a/m)M_T$。实际上,选择这一假设来处理是为了能够与4.2.3节中的模态方法进行直接的对比(用于对模态方程解耦)。

图 4.2(a)所示的系统的导纳矩阵 R 可以表示为

$$u = Rf, R = \{R_{ij}\} = D^{-1} \tag{4.41}$$

对于图 4.1 所示的系统,自由端处没有激励。只需在式(4.41)中设定 $\tilde{F}_l = \tilde{\Gamma}_l = 0$,我们就可以将自由端的线位移和角位移以 $\tilde{u}_0$ 和 $\tilde{\theta}_0$ 的形式表示出来。进一步,利用式(4.28)也可以将电压以 $\tilde{u}_0$ 和 $\tilde{\theta}_0$ 的形式表示出来。于是,我们可以得到如下一些表达式,即

$$\tilde{v} = G\left[(R_{41}R_{22} - R_{42}R_{21})/\alpha\right]\tilde{u}_0 + G\left[(-R_{41}R_{12} + R_{42}R_{11} - \alpha)/\alpha\right]\tilde{\theta}_0 \tag{4.42}$$

$$\tilde{u}_l = \left[(R_{31}R_{22} - R_{32}R_{21})/\alpha\right]\tilde{u}_0 + \left[(-R_{31}R_{12} + R_{32}R_{11})/\alpha\right]\tilde{\theta}_0 \tag{4.43}$$

式中: $\alpha = R_{11}R_{22} - R_{12}R_{21}$。

4.2.3 解析模态分析方法

在这一方法中, u 可表示为

$$u = u_0 + x\theta_0 + u_{\text{flex}} \tag{4.44}$$

式中: $u_0 + x\theta_0$ 为刚体位移成分; u_{flex} 为相对于刚体直线位移的位移成分,因此 $u_{\text{flex}}(x,t)$ 也就给出了悬臂形式的弯曲成分,可以通过一个模态级数来描述,其中利用了质量归一化的模式 $\phi_r(x)$,这些模式描述的是无电学耦合的梁(带自由端质量 M_T,左端为固支,既无平动也无转动)的无阻尼自由振动,这个级数为

$$u_{\text{flex}}(x,t) = \sum_{r=1}^{N} \eta_r(t)\phi_r(x) \tag{4.45}$$

式中: η_r 为模态坐标。模式形状应当满足正交条件,不考虑自由端质量的惯性矩时,这些条件可以表示为

$$B\int_0^l \phi_r\phi_s^{iv}\mathrm{d}x - B\{\phi_s\phi_r''\}\big|_{x=l} = \begin{cases} 0 & (r \neq s) \\ \omega_r^2 & (r = s) \end{cases} \tag{4.46}$$

$$m\int_0^l \phi_r\phi_s\mathrm{d}x + M_T\phi_r(l)\phi_s(l) = \begin{cases} 0 & (r \neq s) \\ 1 & (r = s) \end{cases} \tag{4.47}$$

$\phi_r(x)$ 由下式给出,即

$$\phi_r(x) = \psi_r / \sqrt{M_r} \tag{4.48}$$

$$M_r = m_b\left\{\frac{1}{l}\int_0^l \psi_r^2\mathrm{d}x + \frac{M_T}{m_b}\psi_r^2(l)\right\} \tag{4.49}$$

$$\psi_r(x) = \cosh\left(\frac{\lambda_r}{l}x\right) - \cos\left(\frac{\lambda_r}{l}x\right) - v_r\left\{\sinh\left(\frac{\lambda_r}{l}x\right) - \sin\left(\frac{\lambda_r}{l}x\right)\right\} \quad (4.50)$$

$$v_r = \frac{\sinh\lambda_r - \sin\lambda_r + \lambda_r(M_T/m_b)(\cosh\lambda_r - \cos\lambda_r)}{\cosh\lambda_r + \cos\lambda_r + \lambda_r(M_T/m_b)(\sinh\lambda_r - \sin\lambda_r)} \quad (4.51)$$

式中：$m_b = ml$ 为梁的质量；λ_r 为如下方程的根，即

$$1 + \cos\lambda_r\cosh\lambda_r + (M_T/m_b)\lambda_r(\cos\lambda_r\sinh\lambda_r - \sin\lambda_r\cosh\lambda_r) = 0 \quad (4.52)$$

对应的固有频率则为

$$\omega_r = \left(\frac{\lambda_r}{l}\right)^2\sqrt{\frac{B}{m}} \quad (4.53)$$

前面之所以详细给出式(4.48)～式(4.51)的信息，是因为 Erturk 和 In-man[1] 没有给出质量归一化常数 M_r 的表达式(即式(4.49))，或者与其计算相关的参考文献。

我们可以注意到，将弯矩式(4.9)代入式(4.3)，会导致所得到的式(4.13)中丢失了电学耦合项；而将式(4.44)～式(4.45)代入式(4.13)就只会导出针对无电学耦合这种特例下的模态方程。为了得到带有电学耦合效应的模态方程，应当对式(4.9)进行修正，这需要考虑电极从 $x = x_1$ 延伸到 $x = x_2$ 的情形[3]。此时式(4.9)中的电学项将变成 $\vartheta v(t)[H(x-x_1) - H(x-x_2)]$，其中的 $H(x)$ 为海维赛德函数。将修正后的表达式代入式(4.3)中，并令 $x_1 = 0, x_2 = l$，这样就得到了如下所示的运动方程，它可以进一步转换成带电学耦合效应的模态方程，即

$$B\frac{\partial^4 u}{\partial x^4} + A\frac{\partial^5 u}{\partial x^4\partial t} + \vartheta v(t)[\delta'(x) - \delta'(x-l)] + c_a\frac{\partial u}{\partial t} + m\frac{\partial^2 u}{\partial t^2} = 0 \quad (4.54)$$

式中：$\delta(x)$ 为狄拉克函数(勿与应变符号混淆)。可以发现，文献[1]中引用的这个方程中带有一个附加的自由端质量的惯性项。实际上这一项是不需要的，将其引入不会导致模式的解耦。此外还值得注意的是，虽然动刚度方法针对的是式(4.13)，不过在应用力矩边界条件(式(4.31))时会在分析中引入电学项。

将式(4.44)～式(4.45)代入式(4.54)，利用模式形状的正交条件(式(4.46)～式(4.47))，同时考虑自由端质量上的受力，并假定作用到自由端质量上的环境阻尼力为 $(c_a/m)M_T$，我们可以得到如下方程，即

$$\ddot{\eta}_r + 2\xi_r\omega_r\dot{\eta}_r + \omega_r^2\eta_r + \chi_r v = -m_b(\bar{\gamma}_r^u\ddot{u}_0 + \bar{\gamma}_r^\theta\ddot{\theta}_0) - \breve{c}_a(\bar{\gamma}_r^u\dot{u}_0 + \bar{\gamma}_r^\theta\dot{\theta}_0)$$
$$(4.55)$$

式中：

$$\xi_r = A\omega_r/(2B) + c_a/(2m\omega_r) \quad (4.56)$$

63

$$\breve{c}_{\mathrm{a}} = c_{\mathrm{a}}l, \chi_r = \vartheta\phi'_r(l) \tag{4.57a,b}$$

$$\bar{\gamma}_r^u = \frac{1}{l}\int_0^l \phi_r \mathrm{d}x + \frac{M_{\mathrm{t}}}{m_{\mathrm{b}}}\phi_r(l), \bar{\gamma}_r^\theta = \frac{1}{l}\int_0^l x\phi_r \mathrm{d}x + \frac{lM_{\mathrm{t}}}{m_{\mathrm{b}}}\phi_r(l) \tag{4.58a,b}$$

对于简谐激励来说,将式(4.44)~式(4.45)代入式(4.28)可得

$$\tilde{v} = G\int_0^l \tilde{u}''_{\mathrm{flex}}\mathrm{d}x = \frac{GC_{\mathrm{p}}}{\beta}\sum_{r=1}^N \varphi_r \tilde{\eta}_r \tag{4.59}$$

$$\varphi_r = (\beta/C_{\mathrm{p}})'_{,r}\phi(l) \tag{4.60}$$

此外,从式(4.55)可得

$$\tilde{\eta}_r = [(m_{\mathrm{b}}\omega^2 - \mathrm{j}\omega C_{\mathrm{a}})(\bar{\gamma}_r^u\tilde{u}_0 + \bar{\gamma}_r^\theta\tilde{\theta}_0) - \chi_r\tilde{v}]/(\omega_r^2 - \omega^2 + \mathrm{j}2\xi_r\omega_r\omega) \tag{4.61}$$

求解式(4.59)和式(4.61)可以得到 $\tilde{v}$ 的表达式,然后将这一表达式代回式(4.61)中,并利用式(4.45)~式(4.46),我们就导出了 $\tilde{u}_l$ 的表达式,进而就可以将这两个结果与前面的式(4.42)~式(4.43)直接进行比较,即

$$\tilde{v} = \left[\frac{\dfrac{GC_{\mathrm{p}}}{\beta}\displaystyle\sum_{r=1}^N\left\{\dfrac{\varphi_r\bar{\gamma}_r^u(m_{\mathrm{b}}\omega^2 - \mathrm{j}\omega\breve{c}_{\mathrm{a}})}{\omega_r^2 - \omega^2 + \mathrm{j}2\xi_r\omega_r\omega}\right\}}{1 + \dfrac{GC_{\mathrm{p}}}{\beta}\displaystyle\sum_{r=1}^N\left\{\dfrac{\varphi_r\chi_r}{\omega_r^2 - \omega^2 + \mathrm{j}2\xi_r\omega_r\omega}\right\}}\right]\tilde{u}_0$$

$$+ \left[\frac{\dfrac{GC_{\mathrm{p}}}{\beta}\displaystyle\sum_{r=1}^N\left\{\dfrac{\varphi_r\bar{\gamma}_r^\theta(m_{\mathrm{b}}\omega^2 - \mathrm{j}\omega\breve{c}_{\mathrm{a}})}{\omega_r^2 - \omega^2 + \mathrm{j}2\xi_r\omega_r\omega}\right\}}{1 + \dfrac{GC_{\mathrm{p}}}{\beta}\displaystyle\sum_{r=1}^N\left\{\dfrac{\varphi_r\chi_r}{\omega_r^2 - \omega^2 + \mathrm{j}2\xi_r\omega_r\omega}\right\}}\right]\tilde{\theta}_0 \tag{4.62}$$

$$\tilde{u}_l = \left[1 + \sum_{r=1}^N\left\{\bar{\gamma}_r^u - \chi_r\left[\frac{\dfrac{GC_{\mathrm{p}}}{\beta}\displaystyle\sum_{r=1}^N\left\{\dfrac{\varphi_r\bar{\gamma}_r^u}{\omega_r^2 - \omega^2 + \mathrm{j}2\xi_r\omega_r\omega}\right\}}{1 + \dfrac{GC_{\mathrm{p}}}{\beta}\displaystyle\sum_{r=1}^N\left\{\dfrac{\varphi_r\chi_r}{\omega_r^2 - \omega^2 + \mathrm{j}2\xi_r\omega_r\omega}\right\}}\right]\right\}\frac{(m_{\mathrm{b}}\omega^2 - \mathrm{j}\omega\breve{c}_{\mathrm{a}})\phi_r(l)}{\omega_r^2 - \omega^2 + \mathrm{j}2\xi_r\omega_r\omega}\right]\tilde{u}_0$$

$$+ \left[l + \sum_{r=1}^N\left\{\bar{\gamma}_r^\theta - \chi_r\left[\frac{\dfrac{GC_{\mathrm{p}}}{\beta}\displaystyle\sum_{r=1}^N\left\{\dfrac{\varphi_r\bar{\gamma}_r^\theta}{\omega_r^2 - \omega^2 + \mathrm{j}2\xi_r\omega_r\omega}\right\}}{1 + \dfrac{GC_{\mathrm{p}}}{\beta}\displaystyle\sum_{r=1}^N\left\{\dfrac{\varphi_r\chi_r}{\omega_r^2 - \omega^2 + \mathrm{j}2\xi_r\omega_r\omega}\right\}}\right]\right\}\frac{(m_{\mathrm{b}}\omega^2 - \mathrm{j}\omega\breve{c}_{\mathrm{a}})\phi_r(l)}{\omega_r^2 - \omega^2 + \mathrm{j}2\xi_r\omega_r\omega}\right]\tilde{\theta}_0$$

$$\tag{4.63}$$

类似于4.2.2节中动刚度方法的相关式子,这里的这些表达式已经覆盖了文献[1,6]中的所有情形(图4.1),我们可以很容易地从一个系统转换到另一系统,只需代入恰当的 a 和 f 值,恰当的 ϑ 的表达式以及合适的结构参数。

最后应当指出的是,环境阻尼对于上述系统的阻尼(式(4.56))和激励(式(4.55)的右端项)都是有影响的,在文献[1]的分析中忽略了后者,从而导致了式(4.54)与文献[1]中对应的式子存在着少许差异。

4.3 悬臂双晶构型的理论分析

本节所给出的理论分析主要考察的是如下问题:①动刚度方法和 AMAM 的交叉验证;②电阻抗的类型和幅值以及压电层串联和并联连接形式的影响;③能量收集装置与主结构之间的相互作用;④相关阻尼假设的影响[3]。需要强调的是,此处的分析关注的焦点是能量收集装置的机电响应,而针对能量输出最大化的参数优化研究不在本节的范畴之内。此外还需指出的是,与 AMAM 有关的较为全面的实验验证内容已经在本书的第3章中给出,也可阅文献[6]。

此处所考虑的系统是一个双晶构型,其参数已经列于表4.1中。除非额外说明,否则所给出的结果均针对的是串联连接形式的双晶构型(图4.1)。在梁的自由端设置了一个中等尺度的质量 $M_T = 0.5m_b$,这主要是为了便于体现出前述建模过程的所有特征。除非特别说明,前两阶模式的阻尼比分别设定的是 $\xi_1 = 0.0166$ 和 $\xi_2 = 0.0107$。指定这两个阻尼比使得我们可以根据式(4.56)来计算出 A 和 c_a,从而便于应用动刚度方法。此外,知道了 A 和 c_a 之后也使得我们能够计算出剩余的其他 ξ_r 值,进而可以完成 AMAM 的多模态分析。

表4.1 双晶梁的参数

h_p/mm	0.267	l/mm	60
h_{sh}/mm	0.300	压电层材料密度/(kg/m³)	7800
Y_p/GPa	62	中间层材料密度/(kg/m³)	2700
Y_{sh}/GPa	72	d_{31}/(m/V)	-320×10^{-12}
b/mm	25	ε_{33}^T/(F/m)	3.3646×10^{-8}

4.3.1 动刚度方法与 AMAM 的交叉验证

图4.3中给出了单位幅值的基础加速度激励下(基础无转动),所生成的电压幅值的频率响应,即式(4.42)或式(4.62)中 $\bar{u}_0$ 系数的模除以 ω^2,针对的是纯

电阻负载 $Z = R = 100\text{k}\Omega$。单个模式下(即式(4.62)中 $N = 1$)AMAM 的解(称为"AMAM1")在 150Hz 以上将与动刚度方法的解发生偏离,如图 4.3 所示,并且单模式的 AMAM 解会稍微高估一阶共振频率值(见局部放大图)。当计入的模式数量增多时,AMAM 解将趋近于动刚度方法的解。考虑了 5 个模式的 AMAM 解(称为"AMAM5")与动刚度方法的解几乎是一致的了。在本章中,这一点也适用于其他计算结果。

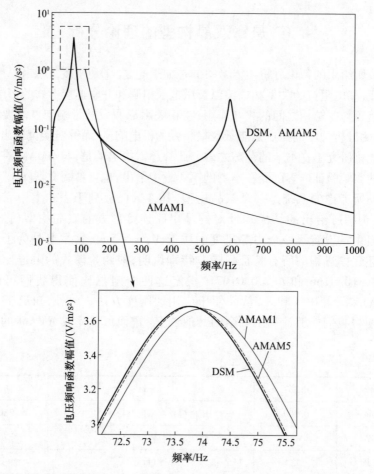

图 4.3 基于动刚度方法和 AMAM 计算得到的电压频响函数的比较[3]

4.3.2 电阻抗的影响

这里首先考虑的是纯电阻负载 $Z = R$ 的情况。如图 4.4 所示,其中给出了电压的频响函数,其定义可参见 4.3.1 节,这里针对的是逐渐增大的 R 值,当 R

为 10Ω 时,非常接近于短路状态[3]。当 R 增大时,电压降随之增大,直到达到开路状态。

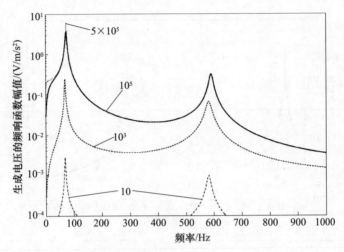

图 4.4 负载电阻 R 值递增时生成电压的频响函数[3]

图 4.5 给出了 u_l 和 u_0 之间的传递率情况(即式(4.43)或式(4.63)中的 $\tilde{u}_0$ 的系数),无基础转动。我们不难发现,传递率曲线的共振点与电压频响函数情况是一致的。通过观察两个突出的共振区域的局部放大图,可以看出增大电阻会使得系统变硬,从而使得前两阶共振频率分别增大了 6.6% 和 1.6%。当超过 500kΩ 后,共振频率的增大就不再明显了。此外,负载电阻对传递率峰值也有着显著的影响。事实上,耗散掉的平均功率为 $|\tilde{v}|^2/(2R)$,在短路状态($R{\to}0{\Rightarrow}$ $|\tilde{v}|{=}0$)和开路状态下($R{\to}\infty$)均为零。于是,在这两种状态下的峰值是处于相似的水平的。在这两种状态之间时,峰值会因为功率耗散而有所降低,或者说电学效应导致了附加的阻尼。

下面我们来考察纯电容性负载,即 $Z=1/(\mathrm{j}\omega C)$。如果将电容表示成 $C=nC_\mathrm{p}$(C_p 为压电层的等效电容(式(4.18))),那么短路和开路条件处分别有 $n=\infty$ 和 $n=0$。这里要注意的是,n 是电容的因子,不能跟模式阶次符号混淆。这里对于开路状态实际上设定了 $n=10^{-4}$,此时得到的电压频响函数与图 4.4 给出的最大电阻情况是相同的。在 4 种 n 值情况中,传递率频响函数基本上与图 4.5 是相似的,除了所标出的共振区域以外。将图 4.6 和图 4.5 中的局部放大图进行对比可以看出:①在容性负载情况中仍然存在刚化效应,实际上当电阻或电容从短路状态转变到开路状态时,两个共振频率值都会增大相同的增量;②对于电容负载情况,短路和开路状态之间的峰不会降低。对于后者也

是很容易理解的,因为平均功率耗散为 $|\tilde{i}|^2 \mathrm{Re}\{Z\}/2$,因此对于电容负载来说它是零。

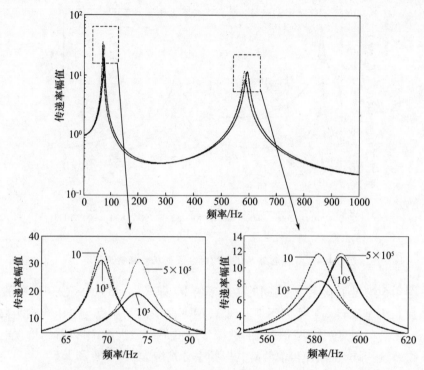

图 4.5 不同负载电阻 R 条件下的自由端与基础之间的传递率[3]

在图 4.6 中可以观察到峰值存在着不太明显的单调递增趋势,这主要是由共振频率的增大导致的。事实上,从简单的单自由度系统在共振点处的传递率值就不难理解这一结果,即 $1 + \mathrm{j}m_0\omega_0/c_0$($\omega_0$、$m_0$ 和 c_0 分别为固有圆频率、质量和阻尼系数)。

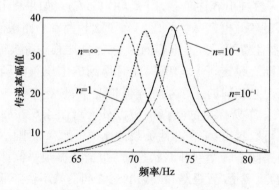

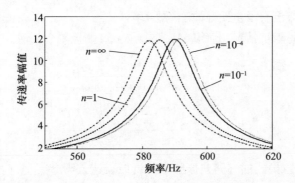

图 4.6　不同电容负载条件下($C = nC_p$)自由端与基础之间的传递率的峰值[3]

从短路状态到开路状态转变的过程中,共振点的移动可以通过考察电压和传递率频响函数的单模式近似来加以解释。如果假定各个模式之间分隔得较开,那么当激励频率 ω 位于某个固有频率 ω_r 附近区域时,式(4.62)~式(4.63)中的求和项里面只有第 r 阶模式提供了主要贡献。于是,对这两个式子进行整理,并将式(4.29)给出的 G/β 代入,我们就可以得到电压和传递率频响函数的如下近似,即

$$\left.\frac{\tilde{v}}{-\omega^2 \tilde{u}_0}\right|_{\tilde{\theta}_0 = 0} \approx \frac{-\mathrm{j}\omega f C_p Z \varphi_r \bar{\gamma}_r^u m_b}{[1 + \mathrm{j}\omega C_p Z(f/a)](\omega_r^2 - \omega^2 + \mathrm{j}2\xi_r \omega_r \omega) + \mathrm{j}\omega f C_p Z \varphi_r \chi_r} \tag{4.64}$$

$$\left.\frac{\tilde{u}_l}{\tilde{u}_0}\right|_{\tilde{\theta}_0 = 0} \approx 1 + \frac{[1 + \mathrm{j}\omega C_p Z(f/a)]\bar{\gamma}_r^u m_b \omega^2 \phi_r(l)}{[1 + \mathrm{j}\omega C_p Z(f/a)](\omega_r^2 - \omega^2 + \mathrm{j}2\xi_r \omega_r \omega) + \mathrm{j}\omega f C_p Z \varphi_r \chi_r} \tag{4.65}$$

值得注意的是,上述式子中已经省略了 $\mathrm{j}\omega \breve{c}_a$ 项,这是一个合理的假设,我们将在 4.3.3 节加以讨论。

对于较小的负载电阻 R,上面的表达式可以近似成如下形式,即

$$\left.\frac{\tilde{v}}{-\omega^2 \tilde{u}_0}\right|_{\tilde{\theta}_0 = 0} \approx \frac{-\mathrm{j}\omega f C_p R \varphi_r \bar{\gamma}_r^u m_b}{\omega_r^2 - \omega^2 + \mathrm{j}2\left\{\xi_r + \dfrac{f C_p R \varphi_r \chi_r}{2\omega_r}\right\}\omega_r \omega} \tag{4.66}$$

$$\left.\frac{\tilde{u}_l}{\tilde{u}_0}\right|_{\tilde{\theta}_0 = 0} \approx 1 + \frac{\bar{\gamma}_r^u m_b \omega^2 \phi_r(l)}{\omega_r^2 - \omega^2 + \mathrm{j}2\left\{\xi_r + \dfrac{f C_p R \varphi_r \chi_r}{2\omega_r}\right\}\omega_r \omega} \tag{4.67}$$

从式(4.66)和式(4.67)的分母不难看出,小负载电阻只是等效于一个黏性阻尼器。这也就解释了当电阻值从 10Ω 增大到 $1\mathrm{k}\Omega$ 时,共振峰会发生衰减,不

过共振频率值却没有发生明显改变(图4.5)。

对于很大的阻抗情况,式(4.64)和式(4.65)的极限形式应为

$$\frac{\tilde{v}}{-\omega^2 \tilde{u}_0}\bigg|_{\tilde{\theta}_0=0} \approx \frac{-a\varphi_r \bar{\gamma}_r^u m_b}{\omega_r^2 - \omega^2 + j2\xi_r \omega_r \omega + a\varphi_r \chi_r} \qquad (4.68)$$

$$\frac{\tilde{u}_l}{\tilde{u}_0}\bigg|_{\tilde{\theta}_0=0} \approx 1 + \frac{\bar{\gamma}_r^u m_b \omega^2 \phi_r(l)}{\omega_r^2 - \omega^2 + j2\xi_r \omega_r \omega + a\varphi_r \chi_r} \qquad (4.69)$$

于是,第 r 阶模式的开路共振频率的近似表达式为

$$(\omega_{oc})_r \approx \sqrt{\omega_r^2 + a\varphi_r \chi_r} = \sqrt{\omega_r^2 + a\theta \frac{\beta}{C_p}\{\phi_r'(l)\}^2} \qquad (4.70)$$

将相关参数值代入式(4.70)之后也就得到了双晶构型前两个开路共振频率值了,分别为74.3Hz和591.8Hz,这一结果与图4.5和图4.6中给出的开路共振峰的频率位置基本是相符的(动刚度方法或者 AMAM5 给出的分别为74.0Hz和591.5Hz)。

式(4.70)表明,双晶构型的开路共振与压电层的连接方式(串联或并联)是无关的,这是因为 $a\vartheta$ 值是相同的(式(4.12))。这一结果显然与 Zhu 等的文献[7]的表述是矛盾的,后者认为对于双晶构型来说,如果压电层采用并联形式连接,那么能够获得更宽的调节范围。此外,就生成的电压而言,式(4.68)表明了并联连接的双晶构型的开路共振峰值电压($a=1$)是串联连接情况下($a=2$)的一半。

4.3.3 力学阻尼的影响

力学阻尼对生成电压和电功率耗散是存在影响的,对这一问题进行分析是有益的。前面得到的分析结果适用于与前两阶模式阻尼比为1.66%和1.07%对应的结构和环境阻尼值($A=A_{nom}$, $c_a=c_{a_{nom}}$)。对于给定的梁(A 固定),所有模式的阻尼比都可以通过改变周围介质的阻尼(c_a)来调整。图4.7(a)和(b)分别给出了电压频响函数在一阶共振频率处的变化(随负载电阻的改变),以及对应的电功率耗散的变化,其中考虑了4种不同的环境阻尼水平,即 $c_a = 0.5c_{a_{nom}}$、$0.75c_{a_{nom}}$、$c_{a_{nom}}$ 和 $1.5c_{a_{nom}}$(对应的阻尼比分别为 $\xi_1 = 0.88\%$、1.27%、1.66% 和2.43%)。此处的功率是比平均功率,即将平均功率除以压电层的总体积。应当注意的是,在文献[6]中已经从理论和实验两个方面观察到,功率曲线上的局部极小点对应的电阻值非常接近于使得 u_l 和 u_0 之间的传递率为最小的电阻值。正如所预期的,在给定负载条件下力学阻尼会使得输出电压降低。

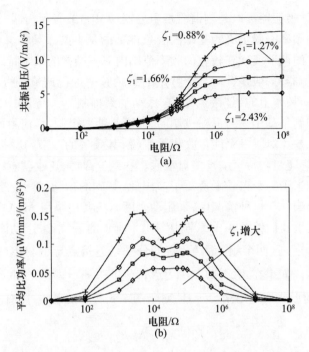

图 4.7 一阶共振频率处力学阻尼对(a)电压(b)比平均功率的影响[3]

对于纯电阻负载且无力学阻尼的情形,仅在开路状态中共振频率处的电压频响函数才为无穷大(这也可以通过将式(4.70)代入式(4.68)~式(4.69)中观察到)。

对于纯电容负载且无力学阻尼的情形,除了短路状态以外共振频率处的电压频响函数都是无穷大。事实上,如果在式(4.64)中设定 $Z = 1/(j\omega C)$,那么可以注意到共振将发生在如下频率处,即

$$(\omega_{\text{电容负载}})_r = \sqrt{\omega_r^2 + \frac{f(C_p/C)\varphi_r\chi_r}{1 + (C_p/C)(f/a)}} \qquad (4.71)$$

上述结论也适用于传递率结果(针对无力学阻尼情况),不过它在短路状态下也为无穷大。

4.3.4 能量收集梁与振动平衡器功能的并存

在 AMAM 中,输入激励是预先指定的基础振动,因此,人们很少关注到图 4.1 中的能量收集梁在很多实际应用场合中是可以作为力学吸振器来抑制其基础处的振动的,也就是可以削弱能量收集装置与主结构连接点处的振动水平。

一般来说,力学吸振器可以是调谐质量阻尼器(TMD)或者平衡器[8]。

吸振器的频率一般定义为基础固定条件下的基本共振频率。对于 TMD,一般是通过对它的调节实现在较宽的频率范围内对主结构的某个特定模式进行抑制;而对于平衡器,一般是针对某个特定的激励频率进行调节,通过构造一个反共振,使得这一频率上的(连接点处的)振动受到抑制[8]。与 TMD 不同的是,平衡器的振动抑制是基于动力消振机制的,而不是耗散机制,任何阻尼都会导致振动抑制性能变差。对于一个能量收集梁来说,其频率的调节与吸振器也是相似的,一般来说它应当与特定的环境振动频率一致。显然,这也就意味着能量收集梁同时也就相当于一个振动平衡器了。因此,基础的振动实际上也会受到能量收集装置的影响。在这种情况中,采用动刚度方法要比采用 AMAM 来分析更加方便一些。这里我们针对 4.3.3 节中图 4.8 所示的系统,采用动刚度方法来考察 $\tilde{u}_0/\tilde{F}_0$ 和 $\tilde{v}/\tilde{F}_0$ 这两个频响函数,它们分别是连接点导纳与单位基础激励力生成的电压[3]。如果在式(4.41)中设定 $\tilde{\theta}_0 = 0$ 和 $\tilde{F}_l = \tilde{\Gamma}_l = 0$,那么我们就可以将 $\tilde{\Gamma}_0$ 以 $\tilde{F}_0$ 的形式表示出来。于是,对于图 4.8 所示的系统,则有

$$\tilde{u}_0/\tilde{F}_0 = R_{11} - R_{12}R_{21}/R_{22} \tag{4.72}$$

$$\tilde{v}/\tilde{F}_0 = G\tilde{\theta}_l = G(R_{41} - R_{42}R_{21}/R_{22}) \tag{4.73}$$

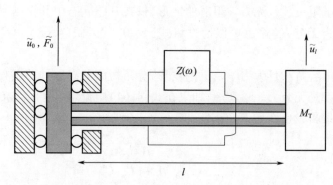

图 4.8   基础运动方向固定且自由端带有质量块的悬臂梁[3]

图 4.9(a)和(b)中已经绘出了这两个频响函数。很明显,$\tilde{u}_0/\tilde{F}_0$(图 4.9(a))中的反共振点对应了电压频响函数和传递率频响函数中的共振点(图 4.4和图 4.5)。$\tilde{u}_0/\tilde{F}_0$ 和 $\tilde{v}/\tilde{F}_0$ 中的共振是图 4.8 所示系统的"自由体"共振,它们对应于带有电学耦合的中点激励下自由 - 自由梁的对称振动模式,相当于对图 4.8 中的系统关于其左端面上的垂线进行了镜像操作。

72

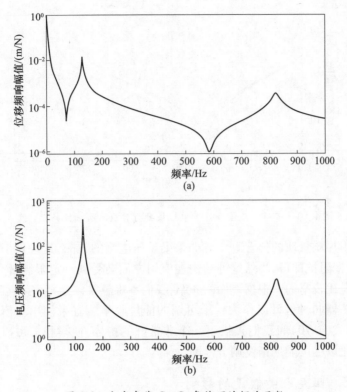

图 4.9　电容负载 $C = C_\mathrm{p}$ 条件下的频响函数

(a)单位基础力对应的基础位移 $\tilde{u}_0 / \tilde{F}_0$；(b)单位基础力对应的电压 $\tilde{v} / \tilde{F}_0$。

  图 4.10 揭示了负载电阻产生的耗散效应会减小 $\tilde{u}_0 / \tilde{F}_0$ 的反共振区深度,不过对于电容负载情况不是如此,当负载从短路状态转变到开路状态时,由于刚化作用,反共振区的深度会表现出不太明显的单调增加(这与图 4.6 中针对传递率的情况类似)。对于电容负载且无力学阻尼的情况,在调谐频率处基础的振动将会被完全抵消掉,此时的电压频响函数为无穷大。不过,生成的电压仍然还是有限值,可以通过将有限值 $\tilde{v} / \tilde{F}_0$ 和 $\tilde{F}_0$ 相乘得到。

  Zhu 等[7]针对图 4.1 所示的能量收集装置,研究了一些用于将其共振频率调节到环境振动频率的方法,从而使得收集到的能量能够达到最大化。所考察的方法之一是通过电负载的调整,他们主要采用了 Roundy 等[9]的单自由度理论分析过程。这些研究人员指出,最可行的调节方法是对电容性负载进行调整,这是因为电阻会降低能量传递效率,而电感又不方便调整。根据上述分析,显然这种调节方法对于将振动平衡器调整到可变激励频率来说也是有用的。在悬臂梁形式的振动平衡器情况中,这通常是借助机械方式来实现的,如改变梁的横截

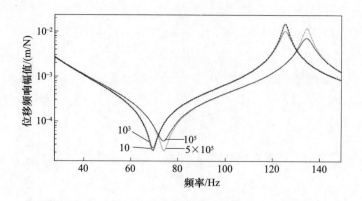

图 4.10 不同电阻值条件下单位基础力对应的基础位移 $\tilde{u}_0 / \tilde{F}_0$

面或改变附加质量块的位置等[8]。如果梁是压电型的,那么这种调节会更加方便,只需改变阻抗即可,当然这种结构在应用方面会受到一定限制,因为其可调频率范围是比较窄的。根据上面的介绍,我们不难想象,一个带有可变电容负载的振动平衡器同时也可以作为一个可调的能量收集装置来使用。值得注意的是,前面的式(4.70)为我们提供了一个非常好的指导,使得我们可以对相关参数进行优化以尽可能地拓宽调节范围。

4.3.5　阻尼相关假设的影响

在上面所给出的结果基础上,这里对阻尼相关假设的影响做一分析,主要考虑两个问题:①在式(4.14)中略去 c_p 带来的影响;②考虑或不考虑环境阻尼 c_a 所产生的影响。

4.3.5.1　在式(4.14)中略去 c_p 带来的影响

在4.2.1节中已经指出,此处的分析借鉴了文献[1,6]的做法,略去了式(4.14)中的 $d_{31}c_p\dot{\delta}$ 项。实际上,只需将所有方程中的 β(式4.17)替换成 $\hat{\beta} = -d_{31}\hat{Y}_p h_{pc} b$(其中的复模量 $\hat{Y}_p = Y_p + j\omega c_p$),那么就可以将所省略项的影响计入进来。$c_p$ 值是比较难以确定的,因为 $\xi_{1,2}$ 决定了式(4.56)中的 A,但无法给出所有信息。不过,从式(4.11)可以发现 c_p 的值是不超过 A/I_p 的,将这个上限值代入到 $\hat{Y}_p$ 中,也就可以验证它对于上述分析结果的影响是微乎其微的。

4.3.5.2　忽略环境阻尼 c_a 的影响

在4.2.3节结尾曾经指出,环境阻尼对于系统阻尼(式(4.56))和系统激励(式(4.55)的右端)都是有影响的。对于大多数实际应用问题来说,它对系统激励的影响是可以忽略不计的(通过 AMAM 分析可以验证),然而对于给定的 ξ_1,

考虑或不考虑 c_a 将会对二阶和更高阶模式产生显著的影响,这主要是因为它能够影响到结构阻尼常数 A。

借助文献[1,6]中给出的实验方法,我们可以得到前两阶模态阻尼比(ξ_1,ξ_2)的值,由此也就能够根据式(4.56)计算出 A 和 c_a,进而获得剩余的模态阻尼比 ξ_r。为便于讨论,不妨假设 ξ_1 和 ξ_2 近似具有相同的幅值(与前面的分析类似),于是有

$$A = \frac{2B}{\omega_1 + \omega_2}\xi_1 \tag{4.74}$$

$$\xi_r = \xi_1 \frac{\omega_r}{\omega_1}\left\{\left(1 + \frac{\omega_1\omega_2}{\omega_r^2}\right)\bigg/\left(1 + \frac{\omega_2}{\omega_1}\right)\right\} \qquad c_a \neq 0 且 \xi_1 = \xi_2 \tag{4.75}$$

另外,如果只有实验值 ξ_1,而 c_a 取零值,那么有

$$A = \frac{2B}{\omega_1}\xi_1 \tag{4.76}$$

$$\xi_r = \xi_1 \frac{\omega_r}{\omega_1} \qquad (c_a = 0) \tag{4.77}$$

可以注意到,虽然这两种情况中得到的 A 的估计是不同的,但是由于它们具有相同的 ξ_1 值,因而一阶共振处的频响函数值是不受影响的。然而,对比式(4.75)和式(4.77)可以清晰地看出,当 $r \geq 2$ 时,后一种情况中的 ξ_r 要比前一种情况大得多。因此,在后一种情况中这些模式共振频率处的频响函数值将会出现显著降低。由此可见,如果我们希望可靠地预测二阶和更高阶模式的频响函数峰值,就必须考虑 c_a 的存在与否。

4.4　动刚度方法的拓展

4.4.1　一维梁单元组合结构

AMAM 的分析可以很容易加以拓展,能够考察电极覆盖范围从 $x = x_1$ 到 $x = x_2$ 而不是覆盖整个梁长 l 的情况,只需对 C_p、χ_r 和 φ_r 作细微修改即可[3]。尽管如此,这一方法仍然只限于处理带有均匀横截面和图 4.1 所示边界条件的结构系统。在动刚度方法中,每个电极段可以视为单独的梁单元,我们可以将其作为一维梁单元组合体中的一段来处理。在这种处理方法中,这些梁单元可以具有不同的横截面,而且也很容易引入任意类型的边界条件。与传递矩阵方法[10]不同的是,此处我们可以通过组装得到整体的动刚度,其过程与结构的整体有限元质量矩阵和刚度矩阵的组装过程是相同的。因此,动刚度方法很容易与有限元

技术结合起来,用于处理由梁组合结构综合而成的更为复杂的结构问题。下面我们将会给出一个实例,据此来阐明所给出的这种动刚度方法是如何分析一个梁组合体的。图4.11(a)和(b)分别给出了这个组合结构的组装图和分解图(梁A和梁B)。

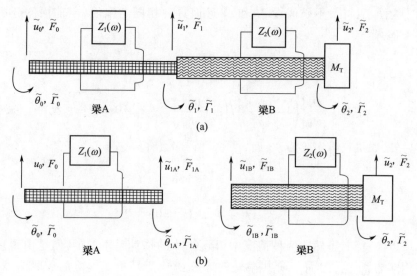

图 4.11　带外部负载的压电梁[3]

(a)组件图;(b)分解图。

对于其中的每根梁来说,其动刚度矩阵都可以借助 4.2.2 节给出的方法来单独确定。按照该方法的步骤,图 4.11(b)中的梁 A 和梁 B 的动刚度矩阵可以表示为

$$
\begin{bmatrix}
\tilde{F}_0 \\
\tilde{\Gamma}_0 \\
\tilde{F}_{1A} \\
\tilde{\Gamma}_{1A}
\end{bmatrix}
= \boldsymbol{D}_A
\begin{bmatrix}
\tilde{u}_0 \\
\tilde{\theta}_0 \\
\tilde{u}_1 \\
\tilde{\theta}_1
\end{bmatrix}
\tag{4.78a}
$$

$$
\begin{bmatrix}
\tilde{F}_{1B} \\
\tilde{\Gamma}_{1B} \\
\tilde{F}_2 \\
\tilde{\Gamma}_2
\end{bmatrix}
= \boldsymbol{D}_B
\begin{bmatrix}
\tilde{u}_1 \\
\tilde{\theta}_1 \\
\tilde{u}_2 \\
\tilde{\theta}_2
\end{bmatrix}
\tag{4.78b}
$$

76

然后,参考图 4.11(a),我们需要将两根梁的 4×4 单元矩阵(式(4.78a)和式(4.78b))组装成 6×6 的整体动刚度矩阵 $\boldsymbol{D}_\mathrm{g}$,所采用的手段是人们都比较熟悉的,即[4]

$$
\begin{bmatrix} \tilde{F}_0 \\ \tilde{\varGamma}_0 \\ \tilde{F}_1 \\ \tilde{\varGamma}_1 \\ \tilde{F}_2 \\ \tilde{\varGamma}_2 \end{bmatrix} = \begin{bmatrix} & & & & & \\ & & & & & \\ & & & & & \\ & & & & & \\ & & & & & \\ & & & & & \end{bmatrix} \begin{bmatrix} \tilde{u}_0 \\ \tilde{\theta}_0 \\ \tilde{u}_1 \\ \tilde{\theta}_1 \\ \tilde{u}_2 \\ \tilde{\theta}_2 \end{bmatrix} \tag{4.78c}
$$

式中: $\tilde{F}_1 = \tilde{F}_{1A} + \tilde{F}_{1B}$; $\tilde{\varGamma}_1 = \tilde{\varGamma}_{1A} + \tilde{\varGamma}_{1B}$。

进一步,为把节点处的附连贯性考虑进来,我们还可以插入一些合适的项。于是,通过考虑边界条件以及那些未受激励力或力矩的中间节点,我们就可以完成矩阵的组装处理了。

4.4.1.1 实例分析——定向基础和定向自由端

作为一个实例,这里我们对图 4.8 所示的系统做一变动,对其右端的运动方向加以限定,并将电极分为两段,同时对每一段电极连接相等的外部阻抗 Z,如图 4.12 所示。由于自由端的运动限制,在中点 P 处将会形成最大的斜率,因此可以提高输出电压(式(4.28))。实际上,在实现图 4.12 这种构型的时候,我们可以利用一根长度为 $2l$ 的梁做对称设置,在两端均限定运动方向,且在中部带有集中质量 $2\hat{M}_\mathrm{T}$,而电极则分成相等的 4 段,每段均外接一个阻抗 Z。以图 4.12 为参考,6×6 的整体动刚度矩阵 $\boldsymbol{D}_\mathrm{g}$ 就可以按照式(4.78)那样进行组装得到。

通过倒置该矩阵方程,并令 $\tilde{F}_1$、$\tilde{\varGamma}_1$、$\tilde{F}_2$、$\tilde{\theta}_0$ 和 $\tilde{\theta}_2$ 为零,就可以将 $\tilde{F}_0$、$\tilde{\varGamma}_0$ 和 $\tilde{\varGamma}_2$ 表示成 $\tilde{u}_0$ 的形式,进而也就可以将最大斜度 $\tilde{\theta}_1$ 表示为 $\tilde{u}_0$ 的形式,然后就能够根据式(4.28)计算出电压频响函数了。

对于图 4.12 这个具有定向自由端的系统来说,我们可以将其性能与前面的系统(图 4.8,自由端无方向限制)进行对比,其中的双晶片参数是相同的(表 4.1),且每段电极均采用串联连接形式。此外,这里这两个系统的结构阻尼和环境阻尼参数(A 和 c_a)均保持一致。为了使得两个系统都被调节到相同的频率(短路状态下),已经将定向自由端系统的附加质量 $\hat{M}_\mathrm{T}$ 设定为 $2.5785 m_\mathrm{b}$(原

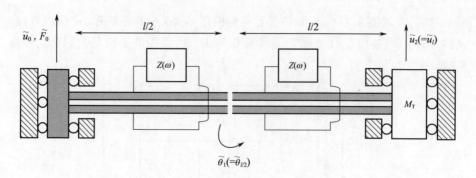

图 4.12   带有分段电极的能量收集梁(基础和自由端的运动方向固定)[3]

来为 $0.5m_b$)。图 4.13(a)和(b)给出了一阶共振点处的电压频响函数值(每段电极)随负载电阻的变化情况以及对应的比平均功率。可以清晰地观察到,定向自由端系统中长度为 $l/2$ 的单段电极所产生的电压要明显大于另一系统长度为 l 的电极所产生的电压值,因而单位体积的压电介质产生的平均功率也就大得多。此外,从图 4.13(c)我们还可以发现,定向自由端系统的可调频率范围也要稍微大一些。

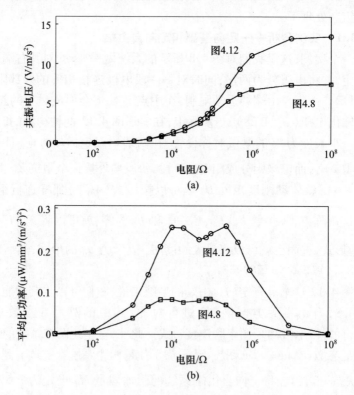

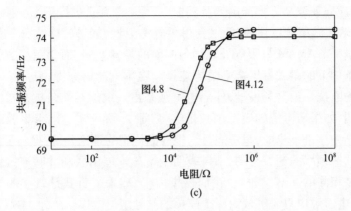

(c)

图 4.13　针对一定范围内的阻抗(Z)对比图 4.12 和图 4.8 所示系统

(a)一阶共振处的电压幅值；(b)一阶共振处的比平均功率；(c)一阶共振频率[3]。

4.4.2　其他情况

压电梁单元可以作为子构件组装成一个二维或三维的组合结构,此时式(4.32)中的矩阵需要进行拓展,将纵向振动包括进来。由于单元动刚度矩阵的形式与有限元矩阵是类似的,因此它是可以综合到一个复杂结构的有限元模型中,并用于频域分析的。我们注意到上述矩阵的组装过程中已经假定了每个压电段不存在电学上的连接关系,因而这里需要将该组装过程做一修正,以计入各段的电学连接效应。

在基础激励 u_0 是非简谐型的问题中,由动刚度方法或其他方法导出的频响函数也是适用的,这种情况中的频响函数一般定义为输出与输入(对于确定性激励)或互功率谱与自功率谱(对于随机性激励)的傅里叶变换结果之比值。因此,通过在时域和频域之间进行恰当的变换,我们也就能够获得问题的解了。Adhikari 等[11]已经注意到,在很多应用案例中,环境振动往往是随机性的,而且是宽带的。由于动刚度方法能够在较宽频率范围内给出准确解,因而这一方法在此类应用场合中要比单自由度或单模式近似方法更为有用。最后还应提及的是,动刚度方法的一个不足在于,它假定了线性阻抗,因此对于在 AC – DC 整流中所采用的非线性单元,这种方法是难以适用的。

4.5　本 章 小 结

本章主要阐述了能量收集梁的两种建模技术,并利用这些技术对一个双晶构型进行了理论研究。一种技术手段是利用动刚度方法对能量收集梁进行建模,该方法建立在波动方程准确解基础上,从而不需要再进行模态变换。另一手段中对 AMAM 做了重新整理,使之变得更具一般性,能够将以往分析过的所有系统包含进来。AMAM 只限于处理均匀截面的悬臂系统,而动刚度方法则可为任意边界条件下的梁或者组合梁结构建模。在本章的研究中,采用了考虑压电耦合效应的欧拉－伯努利模型,外部电负载是由一般的线性阻抗来描述的。分析结果表明,如果所考虑的模态个数足够多,那么 AMAM 的结果将收敛到动刚度方法的结果。进一步地,我们通过一根双晶构型的理论分析,得到了在可变阻抗条件下共振频率的调节范围,结果表明上下压电层串联和并联连接情况下的调节范围是相同的。不仅如此,我们还指出了,如果电负载是较小的纯电阻负载,那么其电学效应只需等效为一个简单的黏性阻尼效应。此外,本章还利用动刚度方法,针对可调能量收集装置对其基础位置处振动的平衡效应(抑制效应)做了研究,结果表明利用可变电容是实现双功能"振动平衡器/能量收集装置"的较好选择。最后,我们借助动刚度方法考察了更为复杂的系统,对于所分析的实例,通过引入自由端转动限制、利用分段电极以及调整自由端附加质量等途径,在给定的工作频率上实现了输出功率的显著提升。

 参考文献

1. Erturk, A., & Inman, D. J. (2009). An experimentally validated bimorph cantilever model for piezoelectric energy harvesting from base excitations. *Smart Materials & Structures*, *18*(2): 025009–025009.
2. Erturk, A., & Inman, D. J. (2008). On mechanical modeling of cantilevered piezoelectric vibration energy harvesters. *Journal of Intelligent Material Systems and Structures, 19*(11), 1311–1325.
3. Bonello, P., Rafique, S. (2011). Modeling and analysis of piezoelectric energy harvesting beams using the dynamic stiffness and analytical modal analysis methods. *Journal of Vibration and Acoustics, 133*(1), 011009.
4. Bonello, P., & Brennan, J. (2001). Modelling the dynamic behaviour of a supercritical rotor on a flexible foundation using the mechanical impedance technique. *Journal of Sound and Vibration, 239*(3), 445–466.
5. Neubert, V. H. (1987). *Mechanical impedance: Modelling, analysis of structures, naval sea systems command*. Pennsylvania: Jostens Printing and Publishing Company.
6. Rafique, S., & Bonello, P. (2010). *Experimental validation of a distributed parameter piezoelectric bimorph cantilever energy harvester.* Smart materials and structures, *19*(9).
7. Zhu, D., Tudor, M. J., & Beeby, S. P. (2010). *Strategies for increasing the operating frequency range of vibration energy harvesters: A review.* Measurement Science & Technology, *21*(2).
8. Bonello, P., & Groves, K. H. (2009). *Vibration control using a beam-like adaptive tuned vibration absorber with an actuator-incorporated mass element. Mechanical Engineering Science, 223*(7).
9. Roundy, S., Wright, P. K., & Rabaey, J. (2003). A study of low level vibrations as a power source for wireless sensor nodes. *Computer Communications, 26*(11), 1131–1144.

10. Petyt, M. (2010). *Introduction to finite element vibration analysis*. UK: Cambridge University Press.
11. Adhikari, S., Friswell, M. I., & Inman, D. J. (2009). *Piezoelectric energy harvesting from broadband random vibrations. Smart Materials and Structures, 18*(11).

第5章 机电梁式可调谐
质量阻尼器的理论分析

5.1 概　　述

在上一章中,我们已经观察到在很多实际应用场合中,能量收集压电梁能够吸收其基础部位的振动。本章将利用这一原理来开发出一种新型吸振器[1]。首先将对可调吸振器(TVA)的基本原理做简要介绍,然后对所给出的新型吸振器的功能进行考察。

如2.3.3节中所指出的,TVA 一般是作为一个附加系统连接到主结构上的,对其参数可以进行调节,使之能够抑制主结构的振动水平。Von Flotow 等[2]曾经研究指出,这一附加系统可以通过一个弹簧 – 质量 – 阻尼器系统来描述,亦称为"力学"TVA。在文献[3]中,人们还阐明了任何附加结构都可以通过一个等效的二自由度模型来准确地加以描述,如图 5.1(b)所示,该二自由度模型的有效部分就是一个弹簧 – 质量 – 阻尼器系统,质量 m_a 被分成了两个部分,一个是有效质量 $m_{a,eff}$,另一个是冗余质量 $m_{a,red}$。冗余质量部分只是简单地连接到主结构上,在附加结构起 TVA 作用的时候不为其提供任何惯性。一般来说,这个TVA 的调谐频率 ω_a 定义为它的一阶无阻尼固有频率(基础部位固定)。这种结构主要是通过产生一个相反的界面力(图 5.1 中的 $F(t)$[3])来抑制主结构(与其连接点处)的振动。

正如2.3.3节所曾讨论过的,一个 TVA 可以有两种不同的使用方式,因而也对应了不同的最优调节准则和不同的设计要求。这两种使用方式分别是:

(a) 通过恰当的调节,完全抑制特定激励频率处的系统振动,类似于一个陷波滤波器。

(b) 通过恰当的调节,在一个较宽的激励频带范围内抑制主结构某个特定固有频率 Ω_s 的模态贡献。

当以方式(a)使用时,人们也将这种力学 TVA 称为可调振动平衡器(或无阻尼 TVA),一般需要将其调节到激励频率处,或者说最优调节应满足 $\omega_a = \omega$ 这一条件[1]。在这一最优状态下,它将在跟主结构的连接点处产生一个反共振,

82

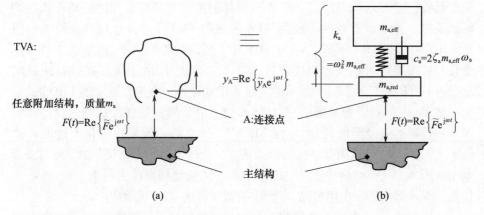

图 5.1 (a)任意的 TVA;(b)等效二自由度模型[1]

从而使得主结构的振动会在一个非常小的频带内(以 ω_a 为中心)受到抑制。如果不存在阻尼,那么主结构的振动会被彻底衰减掉,而当存在阻尼时,随着阻尼的增大这种振动抑制效应会变得越来越差。实际应用中,一般很容易借助梁式结构[4]来构造这种 TVA,例如图 2.14 中的结构。这种梁式构型具有较好的适应性,并且针对变化的情况也便于调节,例如,可以改变有效梁截面或梁的悬伸长度[1]等。关于图 2.14 所示的这种梁结构的等效二自由度模型,文献[4]中已经给出了详尽的推导过程,读者可以参阅。

如果采用的是上述方式(b),那么也可将这种 TVA 称为可调谐质量阻尼器(TMD),此时的 ω_a 需要调节到一个稍微低于目标振动模式频率 Ω_s 的值[1]。如果忽略不计该 TVA 中的冗余质量的影响,同时假定主结构中不存在任何阻尼,那么最优的调节状态应当是[1,5]

$$\frac{\omega_a}{\Omega_s} = \frac{1}{1+\mu} \tag{5.1}$$

$$\mu = m_{a,\mathrm{eff}} / M_A^{(s)} \tag{5.2}$$

式中:μ 为 TVA 的有效质量跟与主结构目标模式相关的质量之比。正如图 5.1(b)所给出的,TMD 需要具有最优的阻尼值,才能有效抑制掉主结构目标模式在较宽激励频带内的贡献(在连接点处)。最优调节所需的黏性阻尼比可以通过下式来确定[5],即

$$\xi_{\mathrm{opt}} = \sqrt{\frac{3\mu}{8\left(1+\mu\right)^3}} \tag{5.3}$$

在这个状态下,该 TVA 能够抑制掉原主结构的目标模式共振峰,单峰响应会被两个阻尼共振峰替代,后者的振动水平近似与 $\sqrt{\mu}$ 成反比,且两峰之间存在

一个低谷(位于 $\omega_a = \omega$ 处)[1]。TVA 对于抑制那些不希望出现的振动模式的响应来说是一个非常有效的手段,不过在传统的 TVA 中非常难以设置恰当的阻尼。不仅如此,一旦在传统 TVA 中设置好了所需的阻尼水平,当系统参数有所变化时又很难再对系统的响应进行调节了[1]。此外,由于需要提供精确的阻尼,因而意味着借助图 2.14 所示的简单的梁式设计方案是较难实现 TMD 的。

如 Von Flotow[2] 曾经揭示出的,TVA 也可以借助其他物理机制来设计和实现。最合适的途径可能就是"电学"TVA[6] 了,它们一般采用的是上述的方式(b)。在这种装置中,附加结构的功能是由一个压电分流电路提供的。正如第 2 章中的图 2.15 所示,这种情况中压电片是直接粘贴到振动主结构上的,然后连接到一个外部电感 – 电阻电路,以产生类似于传统 TVA 的效应[6]。

一般来说,这个压电片能够将主结构的振动能量转换成电能,进而在电路中产生电容效应,从而形成了一个 R – L – C 电路[1]。当由电感 – 电容元件形成的电路共振处于目标模式频率附近时,所生成的电能就会在电阻 R 中最大程度地耗散为焦耳热。只要 R – L – C 电路中的电阻值为最优,那么目标模式在选定位置处的贡献就会在较宽的激励频率范围内受到抑制[1]。

相对于传统的力学 TVA 而言,电学 TVA 具有如下一些突出优点:(a)其性能与温度的关联性更低;(b)其构型更为紧凑且更为持久耐用;(c)其阻尼水平很容易控制,因而能够用于最优振动抑制[6-9]。然而,对于复杂的主结构来说,关于电学 TVA 最优设计参数的理论分析却是较为困难的。这一分析涉及主结构与附连的分流压电片之间的耦合机电方程构建及其向模态空间的变换,其过程类似于第 3 章给出的 AMAM 分析。随后,TVA 和主结构这个集合体的模态振动的传递函数(在指定点处)就可以提取出来并进行优化了。由于这些建模上的复杂性,因此目前电学 TVA 的分析还只有一些针对简单悬臂类型的主结构梁的研究,如图 2.15 所示。从另一方面来说,传统 TMD 的经典理论是很容易应用到任意复杂的主结构的,这是因为它所需要的主结构参数仅仅是目标模式的频率 Ω_s 和质量 $M_A^{(s)}$[1]。

5.1.1　本章内容的独特之处

在第 4 章中,我们已经指出了压电能量收集梁也可以作为一种力学吸振器,用于抑制连接点处的主结构的振动。在 4.3.4 节中还分析了带有可变电容性负载的双功能"振动平衡器/能量收集梁"这一概念。在本章中,我们将针对双功能"能量收集/TMD"梁装置,给出其理论分析过程,在这一装置中采用了一个分流能量收集梁作为 TMD(连接到任意结构上)。分析中将通过考察 TMD 的能量收集效应(图 5.2)给出所需的最优阻尼水平。所给出的"机电式"TVA 或者"机电式 TMD",将经典的力学 TMD 及其电学类似物(压电分流电路)的优点组合了起来,从而避免了它们各自存在的不足[1],即:

(1)其理论与传统 TMD 理论是相似的,因而对于一般主结构来说仍然是易于处理的。

(2)它具有电学 TVA 的优点,特别是能够对所需阻尼水平进行准确调整。

(3)它可以采用梁式设计方案(广泛用于吸振器),除了简单紧凑以外,这种方案还有利于根据实际需要重新调节[1]。

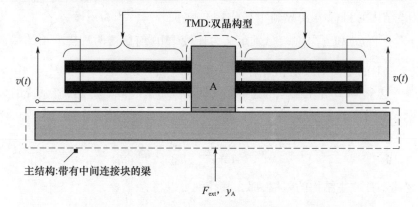

图 5.2 所提出的一个机电式可调谐质量阻尼器[1]

在这里的分析中,我们采用了第 3 章中给出的 AMAM 压电梁模型和 4.2.3 节给出的动刚度方法模型。如图 5.2 所示,其中针对一个处于短路状态的梁式压电 TMD,给出了一个等效的集中参数模型,这里的电极短路意味着 $v(t) \equiv 0$,因而不存在电学耦合效应,我们首先来分析这种情况。在这种状态下,针对给定应用,我们可以计算出经典理论中所需的最优黏性阻尼值。然后,将这一具有最优阻尼值且无电学耦合的系统作为一个参照,进一步针对实际的 TMD(带有电学耦合效应)计算最优的 R–L–C 参数,主要借助的是 MATLAB 中的优化程序[1]。最终得到的结果将与第 4 章给出的基于动刚度方法的结果进行对比验证。如图 5.2 所示,这里所选择的主结构是一根自由–自由梁,中部带有一个连接块,我们将 TMD 的目标设定为抑制主结构的一阶横向模式[1]。顺便指出的是,本章给出的这些理论分析过程对于其他任意主结构形式也是适用的。

除了上面提及的优点以外,这里给出的机电式 TVA 还具有能量存储的能力(通过利用 AC–DC 整流装置)。不过,这一非线性分析内容已经超出了本书的范畴。

本章主要构成如下:5.2 节中将对相关理论进行介绍,其中 5.2.1 节会对最优阻尼无电学耦合效应的这个参照系进行推导分析,5.2.2 节和 5.2.3 节则将针对带有电学耦合效应的 TMD 给出其理论分析,其中考虑了不同构型的电路。在 5.3 节中主要讨论的是相关仿真结果,并与动刚度方法进行了对比验证。

5.2　理　论　分　析

此处的研究目的是针对一个受到外部激励 F_{ext} 的主结构的目标模式,抑制连接点处(响应为 y_A)的频响函数的共振峰。也就是说,在激励频率 ω 的某个范围内(主结构的目标模式起到主导作用),实现 $|r_{y_A F_{\text{ext}}}^{\text{host}+\text{TMD}}(\omega)| \ll |r_{y_A F_{\text{ext}}}^{\text{host}}(\omega)|$,其中的 $r_{y_A F_{\text{ext}}}^{\text{host}+\text{TMD}}(\omega)$ 和 $r_{y_A F_{\text{ext}}}^{\text{host}}(\omega)$ 分别定义为连接 TMD 前后这两种构型下的复数比 $\tilde{y}_A / \tilde{F}_{\text{ext}}$,针对的是简谐激励和简谐响应情况,即 $y_A = \text{Re}\{\tilde{y}_A e^{j\omega t}\}$ 和 $F_{\text{ext}} = \text{Re}\{\tilde{F}_{\text{ext}} e^{j\omega t}\}$[1]。这个 TMD 和主结构的边界情况可以参见图 5.2。显然,该系统的导纳就可以表示为

$$r_{y_A F_{\text{ext}}}^{\text{host}+\text{TMD}}(\omega) = \frac{r_{y_A F_{\text{ext}}}^{\text{host}}(\omega)}{1 + r_{y_A F_{\text{ext}}}^{\text{host}}(\omega)/r_{y_A F}^{\text{TMD}}(\omega)} \tag{5.4}$$

忽略不计原主结构的阻尼,那么其导纳可以写为[10]

$$r_{y_A F_{\text{ext}}}^{\text{host}}(\omega) = \sum_{s=1}^{\infty} \frac{\{\widehat{\phi}_A^{(s)}\}^2}{\Omega^2 - \omega^2} \tag{5.5}$$

式中:Ω_s 为第 s 阶模式的圆频率;$\widehat{\phi}_A^{(s)}$ 为对应的质量归一化模态形状(在所针对的自由度上,图 5.1 中 A 处的垂向位移)。这里考虑的目标模式是原主结构的一阶横向模式,频率为 Ω_2,这是因为一阶模式是刚体平移模式(即 $\Omega_1 = 0$)[1]。式(5.4)中:$r_{y_A F}^{\text{TMD}}(\omega) = \tilde{y}_A / \tilde{F}$ 为 TMD 在连接点处的导纳;F 是 TMD 与主结构分界面处的力(图 5.1)。根据式(5.4)可以发现,通过对 $r_{y_A F}^{\text{TMD}}(\omega)$ 的恰当调节(借助 TMD 的优化分析)我们就能够抑制 $r_{y_A F_{\text{ext}}}^{\text{host}+\text{TMD}}(\omega)$ 的目标共振峰。

5.2.1　参照模型及其验证

这里我们采用 Den Hartog 的经典理论[5]来推导一些关系式进而计算最优黏性阻尼值(假想的),其结果将用来作为机电式 TMD 的性能分析参照[1]。

5.2.1.1　最优阻尼计算

主结构目标模式的模态参数(模态质量和模态刚度)的贡献可以利用标准的模态分析理论[10]来确定,它们可以表示为质量 $M_A^{(2)} = 1/\{\widehat{\phi}_A^{(2)}\}^2$ 和刚度 $K_A^{(2)} = \Omega_s^2 M_A^{(2)}$,如图 5.3(a)所示。当激励频率 ω 处于 Ω_2 附近时,由于目标模式起主导作用(式(5.5)),因而原主结构在所关心的自由度上的动力学特性就可

以通过这种形式做准确的建模。Den Hartog[5] 提出的最优调节条件式（5.1）中，忽略了吸振器中的冗余质量（图 5.1（b））。在这里的分析中，将对式（5.1）这一条件进行修正，以将 $m_{a,red}$ 包括进来。通过将等效集中参数型 TMD 模型（图 5.1（b））加入图 5.3（a）所示的系统中，就得到了图 5.3（b）所示的系统了[1]。

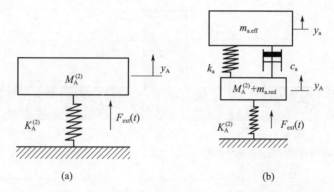

图 5.3　主结构的"动力学模态"模型（激励频率 ω 处于 Ω_2 附近）：

(a) 不带 TMD；(b) 带有 TMD[1]。

随后，我们可以将 Den Hartog[5] 给出的简谐分析应用于图 5.3（b）这个系统。修正后的最优调节条件可以表示为

$$\frac{\omega_{a_{opt}}}{\Omega_2'} = \frac{1}{1+\mu} \tag{5.6}$$

$$\Omega_2' = \Omega_2 \sqrt{M_A^{(2)} / \left[M_A^{(2)} + m_{a,red} \right]} \tag{5.7}$$

而修正后的 μ 为

$$\mu = m_{a,eff} / \left[M_A^{(2)} + m_{a,red} \right] \tag{5.8}$$

于是，黏性阻尼比的最优值就可以由式（5.3）给出，而黏性阻尼系数的最优值则可根据最优的 ξ_a 和 ω_a 得到[1]，即

$$c_a = 2\xi_a m_{a,eff} \omega_a \tag{5.9}$$

如图 5.4 所示，其中给出了一个主结构，它与一个无电学耦合的 TVA 梁的二自由度模型（图 5.2）相互连接。这种情况中，我们将式（5.4）中用到的 $r_{y_A F}^{TMD}(\omega)$ 的表达式记为 $\{ r_{y_A F}^{TMD}(\omega) \}_{uncoup}^{2-DOF}$，根据基本的简谐分析不难导得

$$\{ r_{y_A F}^{TMD}(\omega) \}_{uncoup}^{2-DOF} = \frac{-m_{a,eff}\omega^2 + k_a + j\omega c_a}{-m_{a,eff}\omega^2 (k_a + j\omega c_a) - m_{a,red}(-m_{a,eff}\omega^2 + k_a + j\omega c_a)}$$

$$\tag{5.10}$$

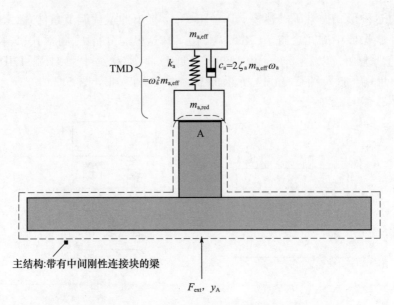

图 5.4　连接到主结构的等效二自由度 TMD(无电学耦合)[1]

式中：

$$k_a = m_{a,eff}\omega_a^2, m_{a,eff} = \bar{R}m_a, m_{a,red} = (1 - \bar{R})m_a \qquad (5.11a - c)$$

其中，m_a 为 TMD 的双晶梁两个悬伸部分的总质量。按照文献[3]，对于不带自由端质量的悬伸梁来说，有效质量的百分比为

$$\bar{R} = 60.49\% \qquad (5.12)$$

这个参照系统的性能就可通过求解式(5.4)得到，其中的 $r_{y_A F}^{TMD}(\omega)$ 则由最优的 ω_a 和 c_a(参考式(5.3)、式(5.9)和式(5.11a - c))，以及式(5.10)给出。

5.2.1.2　参考模型的验证

这里我们利用图 5.4 这个等效系统，针对上述理论分析进行对比和验证(与图 5.2 所给出的机电系统对比)，主要考虑的是无电学耦合状态且阻尼值相同的情况。

正如图 5.4 和图 5.1(b)所给出的，TMD 与主结构的界面力 $F(t)$ 是每个 TMD 梁的悬伸部分固支端位置的剪力之和[1]，即

$$F(t) = 2\left.\frac{\partial M}{\partial x}\right|_{x=0} \qquad (5.13)$$

式中：M 为沿着梁的长度方向上位置 x 和时刻 t 处的弯矩。前文中的式(4.9)已经给出了这个弯矩，这里再次列出，即

$$M(x,t) = B\frac{\partial^2 u}{\partial x^2} + A\frac{\partial^3 u}{\partial x^2 \partial t} + \vartheta v(t) \tag{5.14}$$

式中：$u(x,t)$ 为位置 x 和时刻 t 处的绝对位移；B 和 A 分别为复合压电梁的弯曲刚度和阻尼常数，参见式（3.3）和式（3.4）；ϑ 为机电耦合参数，由式（4.12）给出[1]。

于是，将式（5.14）代入式（5.13）可得

$$F(t) = 2\left\{ B\frac{\partial^3 u}{\partial x^3} + A\frac{\partial^4 u}{\partial x^3 \partial t} \right\}\Bigg|_{x=0} \tag{5.15}$$

忽略不计连接点 A 处的任何转动效应，那么有

$$u = y_A(t) + \sum_{r=1}^N \eta_r(t)\phi_r(x) \tag{5.16}$$

式中：级数求和项为每个悬伸部分（固定 – 自由边界）的悬臂形式的弯曲变形量，已经表示成了模态级数形式；$\phi_r(x)$ 为质量归一化模态，它反映的是无电学耦合效应的梁的无阻尼自由振动（基础的平动和转动自由度均固定，或者说"固支 – 自由"梁）；η_r 为模态坐标[1]。上述模态形状函数 $\phi_r(x)$ 可以表示为

$$\phi_r(x) = \frac{1}{\sqrt{ml}}\left[\cosh\left(\frac{\lambda_r}{l}x\right) - \cos\left(\frac{\lambda_r}{l}x\right) - \sigma_r\left\{ \sinh\left(\frac{\lambda_r}{l}x\right) - \sin\left(\frac{\lambda_r}{l}x\right) \right\} \right] \tag{5.17}$$

$$\sigma_r = \frac{\sinh\lambda_r - \sin\lambda_r}{\cosh\lambda_r + \cos\lambda_r} \tag{5.18}$$

式中：m 为单位长度的质量；λ_r 为如下方程的根，即

$$1 + \cos\lambda_r\cosh\lambda_r = 0 \tag{5.19}$$

对应的固有频率 ω_r 可表示为

$$\omega_r = \left(\frac{\lambda_r}{l}\right)^2\sqrt{\frac{B}{m}} \tag{5.20}$$

将式（5.16）代入式（5.15）中，并假定简谐振动为 $\eta_r = \text{Re}\{\tilde{\eta}_r e^{j\omega t}\}$，于是可以得到界面力 F 的复数幅值为

$$\tilde{F} = 2B\left(1 + \frac{j\omega A}{B}\right)\sum_{r=1}^N \tilde{\eta}_r\phi_r'''(0) \tag{5.21}$$

重新整理上式，我们就可以将 $r_{y_A F}^{\text{TMD}}(\omega)$ 的表达式写成

$$r_{y_A F}^{\text{TMD}}(\omega) = \frac{\tilde{y}_A}{\tilde{F}} = \frac{1}{2B\left(1 + \dfrac{j\omega A}{B}\right)\displaystyle\sum_{r=1}^N \dfrac{\tilde{\eta}_r}{\tilde{y}_A}\phi_r'''(0)} \tag{5.22}$$

可以注意到,对于压电介质上的任何电压 $v(t)$,式(5.15)、式(5.21)和式(5.22)都是适用的。这一节我们专门针对无电学耦合效应的情形(即电极短路,$v(t)=0$),于是根据式(3.26)或式(4.61),在短路状态下有

$$\frac{\tilde{\eta}_r}{\tilde{y}_A} = \frac{m\omega^2 \gamma_r^u}{\omega_r^2 - \omega^2 + j2\xi_r\omega_r\omega} \tag{5.23}$$

式中:

$$\gamma_r^u = \int_{x=0}^{l} \phi_r(x)\,\mathrm{d}x = \frac{2\sigma_r}{\lambda_r}\sqrt{\frac{l}{m}} \tag{5.24}$$

而由式(4.76)和式(4.77)有

$$A = \frac{2B}{\omega_1}\xi_1, \quad \xi_r = \xi_1\frac{\omega_r}{\omega_1} \tag{5.25a,b}$$

在这种情况中,不妨把式(5.4)中用到的 $r_{y_A F}^{\mathrm{TMD}}(\omega)$ 的表达式记作 $\{r_{y_A F}^{\mathrm{TMD}}(\omega)\}_{\mathrm{uncoup}}$,它可以通过把式(5.23)代入式(5.22)得到,即

$$\{r_{y_A F}^{\mathrm{TMD}}(\omega)\}_{\mathrm{uncoup}} = \frac{\tilde{y}_A}{\tilde{F}} = \frac{1}{2Bm\omega^2\left(1 + \frac{\mathrm{j}\omega A}{B}\right)\sum_{r=1}^{N}\dfrac{\phi_r'''(0)\gamma_r^u}{\omega_r^2 - \omega^2 + \mathrm{j}2\xi_r\omega_r\omega}} \tag{5.26}$$

我们可以注意到,在式(5.23)和式(5.25a,b)中已经忽略了环境(空气)阻尼的影响。如4.3.5.2节中曾经讨论过的,空气阻尼对于系统阻尼和系统激励都是有影响的,后一种影响一般可以忽略掉。还是在该小节中,我们也指出了对于给定的由实验确定出的 ξ_1 值来说,忽略环境阻尼只会影响到高阶模式(固支 – 自由边界下)共振处的频响函数水平[1]。在这里的(短路状态下的)TMD 双晶构型中,根据定义可知其调谐频率 ω_a 和结构阻尼 ξ_a(图 5.1(b))应为

$$\omega_a \equiv \omega_1, \quad \xi_a \equiv \xi_1 \tag{5.27a,b}$$

也就是说,这个双晶 TMD 是设计为工作于一阶固支 – 自由模式附近的。因此,在整个分析中忽略掉空气阻尼的影响是合理的。

进一步,我们通过考察测试情况对本节的理论分析进行了验证,相关参数列于表5.1 和表5.2。表5.1 中给出的主结构参数是通过实验获得的,其中的模态参数的准确性将在后面的第6 章中加以阐述(图6.3)。表5.2 中的电学参数将在后面的 5.3 节中使用。

表 5.1　主结构的模态参数[11]

$\Omega_1/(2\pi)$ (Hz)	0	$M_A^{(1)} = 1/\{\widehat{\phi}_A^{(1)}\}^2$ (kg)	0.278
$\Omega_2/(2\pi)$ (Hz)	127.7	$M_A^{(2)} = 1/\{\widehat{\phi}_A^{(2)}\}^2$ (kg)	0.469

表 5.2　机电式 TMD 中的梁参数[12]

特性参数	单位	值
梁的悬伸长度,l	mm	58.75
梁的宽度,b	mm	25
上下压电层的厚度,h_p	mm	0.267
中间层的厚度,h_{sh}	mm	0.285
压电材料的杨氏模量,Y_p	GPa	66
中间层材料的杨氏模量,Y_{sh}	GPa	72
压电材料的密度	kg/m³	7800
中间层材料的密度	kg/m³	2700
压电常数,d_{31}	pm/v	−190
相对介电常数(常应力条件)	—	1800

根据式(5.8)和式(5.11a–c)可以计算出质量比为 $\mu = 1.86\%$,此外,从式(5.27a,b)、式(5.20)、式(5.6)和式(5.7)可以看出 $\omega_1 \approx \omega_{a_{opt}}$,也即无电学耦合的系统近似处于最优调节状态。利用式(5.3)计算得到的最优阻尼比为 $\xi_{a_{opt}} = 8.24\%$,进而阻尼系数的最优值也就可以根据式(5.9)计算出了[1]。图 5.5(a)中用粗实黑线给出了等效集中参数 TMD 在最优参数条件下的导纳 $\{r_{y_AF}^{TMD}(\omega)\}_{uncoup}^{2-DOF}$,这里记为 $\{r_{y_AF}^{TMD}(\omega)\}_{uncoup,opt}^{2-DOF}$。将这个导纳应用于式(5.4),同时结合图 5.5(b)中细虚黑线所示的原主结构导纳(由式(5.5)计算得到),我们就能够获得最终的主结构导纳了,如图 5.5(b)中的粗实黑线所示。

图 5.5(a)中的粗黑虚线给出的是具有相同阻尼水平的(精确的)分布参数 TMD 的导纳,可以记为 $\{r_{y_AF}^{TMD}(\omega)\}_{uncoup,opt}$。这种情况中,采用的是式(5.26),$\xi_1$(即 ξ_a)设定为 $\xi_{a_{opt}}$,A 和 ξ_r 的值也根据式(5.25a,b)作相应的计算。我们可以注意到,由于式(5.26)中的分母有一个级数求和运算,因此必须选择足够大的模式数 N 来确保收敛性(这里采用的是 $N = 300$)[1]。图 5.5(b)中的粗黑虚线代表的是与上述对应的最终的主结构导纳。从图 5.5(a)和(b)可以看出,粗黑虚线和实线吻合得非常好(图 5.5(a)和(b)中的粗黑虚线看不清是因为吻合程度非常好),从而验证了这个参照模型的正确性。

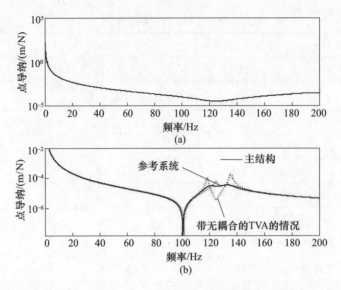

图 5.5 (a)TVA 自身的导纳;(b)不带 TMD 的主结构(细黑虚线)、参考
模型(粗实线)、AMAM 模型确定的最优主结构(粗黑虚线)以及
带有无耦合 TVA 的主结构(红色点线)等的导纳(见彩图)

值得特别注意的一点是,上面导出的 TMD 的最优黏性阻尼水平($\xi_1 = \xi_{a_{opt}}$)毫无疑问是假想的,而不是物理的,或者说实际上 $\xi_1 \neq \xi_{a_{opt}}$。事实上,由实验给出的 ξ_1 的实际值大约仅为 1%,而 $\xi_{a_{opt}} = 8.24\%$。根据这种 ξ_1 值以及与之对应的 A 和 ξ_r 的值(根据式(5.25a,b)计算),实际得到的最终的主结构的导纳(对于短路状态的 TMD)如图 5.5(b)中的红色虚线所示[1]。尽管如此,正如在本章剩余部分将体现出的,通过采用合理调节过的电路(图 5.2),这种机电式 TMD 是能够生成一个非常接近于图 5.5(b)中的实线所示(参考系统的响应)的频率响应的[1]。

5.2.2 基于 AMAM 推导 TMD 的耦合机电导纳

在本节中,将针对所提出的机电 TMD,采用解析模态分析方法(AMAM)来推导 4 种不同电路构型情况下的 TMD 导纳($r_{yAF}^{TMD}(\omega)$)表达式,这些电路构型如图 5.6 ~ 图 5.9[1]所示。针对这 4 种电路构型计算得到的 TMD 导纳随后可以用于式(5.4)中去计算主结构的导纳 $r_{yAF_{ext}}^{host+TMD}(\omega)$。在后面的 5.3 节中,我们将进一步指出,通过采用优化后的 R - L - C(电阻,电感和电容)参数对 $r_{yAF}^{TMD}(\omega)$ 进行

_____

注:①原文误,译者改。

恰当的调节,就可以对式(5.4)中的 $r_{y_AF_{\text{ext}}}^{\text{host}+\text{TMD}}(\omega)$ 的目标共振峰产生抑制作用。

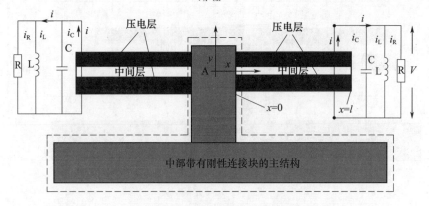

图 5.6　双重电路:R－L－C 并联

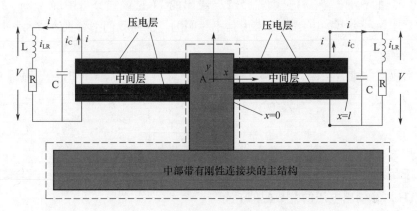

图 5.7　双重电路:C 并联,R－L 串联

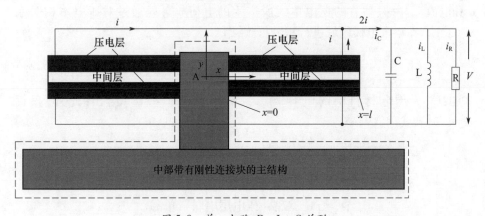

图 5.8　单一电路:R－L－C 并联

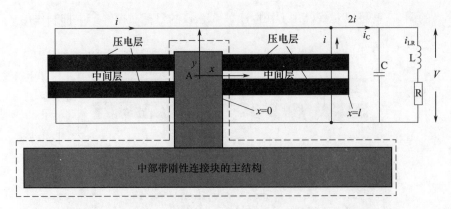

图 5.9　单一电路:C 并联,R–L 串联

TMD 的导纳 $r_{y_A F}^{TMD}(\omega)$ 是由式(5.22)给出的,不过该式分母中的 $\tilde{\eta}_r / \tilde{y}_A$ 的表达式对于每种类型的电路构型来说是不相同的。下面我们来分别考察每种构型中的 $\tilde{\eta}_r / \tilde{y}_A$。

对于电学耦合情况,如同第 3 章给出的推导分析,模态坐标的复数幅值可以表示为

$$\tilde{\eta}_r = \frac{m\omega^2 \gamma_r^u \tilde{y}_A - \chi_r \tilde{v}}{\omega_r^2 - \omega^2 + j2\xi_r \omega_r \omega} \tag{5.28}$$

于是,为了导出 $\tilde{\eta}_r / \tilde{y}_A$ 的表达式,我们就需要通过考察相关电路方程来建立 $\tilde{v}$ 的表达式(输出电压的复数幅值)。

在分析电路之前,这里首先介绍一些一般性的电路关系,它们涉及生成电荷 q 和电流 i。由振动着的压电单元所产生的电荷 q 可以通过对压电本构关系式(3.12)在整个电极区域进行积分得到,即

$$q = \frac{f}{a} C_p \left\{ \sum \Psi_r \eta_r - v(t) \right\} \tag{5.29}$$

式中: C_p 为压电材料层的电容,由式(3.24)或式(4.18)给出;此外,根据式(4.7)和式(4.19)有

$$a = \begin{cases} 2 & \text{双晶(压电层串联)} \\ 1 & \text{双晶(压电层并联),单晶} \end{cases}$$

$$f = \begin{cases} 1 & \text{双晶(压电层串联),单晶} \\ 2 & \text{双晶(压电层并联)} \end{cases}$$

Ψ_r 为常数,可以表示为

$$\Psi_r = -\frac{ad_{31}Y_ph_{pc}h_p}{\varepsilon_{33}^s l}\int_0^l \frac{\mathrm{d}^2\phi_r}{\mathrm{d}x^2}\mathrm{d}x = -\frac{ad_{31}Y_ph_{pc}h_p}{\varepsilon_{33}^s l}\frac{\mathrm{d}\phi}{\mathrm{d}x}\Big|_0^l \qquad (5.30)$$

于是,压电层产生的电流就可以表示成

$$i(t) = \frac{\mathrm{d}q}{\mathrm{d}t} = \frac{fC_p}{a}\Big(\sum_{r=1}^{\infty} \Psi_r\dot{\eta}_r - \frac{\mathrm{d}v}{\mathrm{d}t} \Big) \qquad (5.31)$$

从式(5.29)和式(5.31)可以看出,双晶构型的等效内部电容为$(f/a)C_p$。

在图5.6~图5.9所示的电路中,为了建模方便起见,我们将外部电容 C 取为单层压电材料电容的倍数形式,即 $C = nC_p$。根据图5.6~5.9可以注意到,外部电容 C 总是与单个双晶梁(图5.6~5.7)或两个双晶梁(图5.8~5.9)并联连接的。这种并联连接增大了电容,从而使得系统的总电容更大。较高的系统电容将减小电路调节所需的电感 L。

5.2.2.1 双重电路—并联 R - L - C 的推导

这种情况中,能量收集梁的每一侧都连接了单独的(对称的)R - L - C 电路,如图5.6所示。在这种布置方式下,这些 R - L - C 电路参数都是一样的,所生成的电流 i 将通过3种不同的途径流动,分别是电容、电感以及电阻。从图5.6可以看出,电阻、电容和电感上的电压都是相同的。不过,总的电流是这3种途径的和,可以表示为

$$i = i_C + i_L + i_R \qquad (5.32)$$

根据欧姆定律,电阻中的电流为 $i_R = \dfrac{v(t)}{R}$,电容中的电流是 $i_C = C\dfrac{\mathrm{d}v}{\mathrm{d}t}$,于是通过电感的电流为

$$i_L = \frac{\mathrm{d}q}{\mathrm{d}t} - i_C - i_R \qquad (5.33)$$

将 i_C 和 i_R 的表达式代入上式中,得到

$$i_L = \frac{\mathrm{d}q(t)}{\mathrm{d}t} - C\frac{\mathrm{d}v(t)}{\mathrm{d}t} - \frac{v(t)}{R} \qquad (5.34)$$

式(5.34)实际上代表了流经电感的生成电流,而电感上的电压应为

$$v(t) = L\frac{\mathrm{d}i_L}{\mathrm{d}t} \qquad (5.35)$$

将式(5.34)代入式(5.35),并利用式(5.29),我们就可以得到两端的生成电压,即

$$v(t) = L\frac{f}{a}C_{\mathrm{p}}\left\{\sum \Psi_r\ddot{\eta}_r - \frac{\mathrm{d}^2v(t)}{\mathrm{d}t^2}\right\} - LC\frac{\mathrm{d}^2v(t)}{\mathrm{d}t^2} - \frac{L}{R}\frac{\mathrm{d}v(t)}{\mathrm{d}t} \quad (5.36)$$

若以复数幅值形式来表示,并将 $C = nC_{\mathrm{p}}$ 代入,那么式(5.36)就可以重新整理为

$$\tilde{v} = \frac{-\dfrac{f}{a}\omega^2\sum\limits_{r=1}^{\infty}\Psi_r\tilde{\eta}_r}{\dfrac{1}{C_{\mathrm{p}}L} + \dfrac{\mathrm{j}\omega}{C_{\mathrm{p}}R} - \dfrac{f\omega^2}{a} - n\omega^2} \quad (5.37)$$

将式(5.28)给出的 $\tilde{\eta}_r$ 代入式(5.37)中,整理之后可得

$$\tilde{v} = \frac{-\dfrac{f}{a}m\omega^4\tilde{y}_{\mathrm{A}}\sum\limits_{r=1}^{\infty}\dfrac{\Psi_r\gamma_r^u}{\omega_r^2 - \omega^2 + \mathrm{j}2\xi_r\omega_r\omega}}{\left(\dfrac{1}{C_{\mathrm{p}}L} + \dfrac{\mathrm{j}\omega}{C_{\mathrm{p}}R} - \dfrac{f\omega^2}{a} - n\omega^2\right) - \dfrac{\dfrac{f}{a}\omega^2\sum\limits_{r=1}^{\infty}\Psi_r\chi_r}{\omega_r^2 - \omega^2 + \mathrm{j}2\xi_r\omega_r\omega}} \quad (5.38)$$

进一步,将式(5.38)回代到式(5.28),整理之后就得到了

$$\frac{\tilde{\eta}_r}{\tilde{y}_{\mathrm{A}}} = \left(\gamma_r - \chi_r\frac{-\dfrac{f}{a}\omega^2\sum\limits_{r=1}^{\infty}\dfrac{\Psi_r\gamma_r^u}{\omega_r^2 - \omega^2 + \mathrm{j}2\xi_r\omega_r\omega}}{\left(\dfrac{1}{C_{\mathrm{p}}L} + \dfrac{\mathrm{j}\omega}{C_{\mathrm{p}}R} - \dfrac{f\omega^2}{a} - n\omega^2\right) - \dfrac{\dfrac{f}{a}\omega^2\sum\limits_{r=1}^{\infty}\Psi_r\chi_r}{\omega_r^2 - \omega^2 + \mathrm{j}2\xi_r\omega_r\omega}}\right)$$

$$\times \frac{m\omega^2}{\omega_r^2 - \omega^2 + \mathrm{j}2\xi_r\omega_r\omega} \quad (5.39)$$

随后,通过将这一表达式代入式(5.22)的分母中,我们就得到了 TMD 的导纳 $r_{y_{\mathrm{A}}F}^{\mathrm{TMD}}(\omega)$。

5.2.2.2 双重电路——R – L 串联、C 并联情况的推导

这种情况与5.2.2.1节的情况是类似的,能量收集梁的每一侧都连接到独立(对称)的 R – L – C 电路上,不过这里的电阻和电感是串联起来的(即在一个分支中),然后再与电容并联,如图 5.7 所示。于是,由振动着的压电梁产生的电流 $\mathrm{d}q/\mathrm{d}t$(即 i)将流经两条途径,即外部电容和电阻 – 电感支路。

于是,通过电阻 – 电感支路的电流就可以表示为

$$i_{\mathrm{LR}} = \frac{\mathrm{d}q}{\mathrm{d}t} - i_{\mathrm{C}} \quad (5.40)$$

R – L 支路两端的电压则可写为

96

$$v(t) = i_{LR}R + L\frac{\mathrm{d}i_{LR}}{\mathrm{d}t} \tag{5.41}$$

将式(5.40)和式(5.31)代入式(5.41),并代入 $i_C = C\mathrm{d}v/\mathrm{d}t$,我们就可以得到生成电压的表达式为

$$v(t) = R\frac{fC_p}{a}\Big(\sum_{r=1}^{\infty}\Psi_r\dot{\eta}_r - \frac{\mathrm{d}v}{\mathrm{d}t}\Big) - RC\frac{\mathrm{d}v(t)}{\mathrm{d}t} + L\frac{fC_p}{a}\Big(\sum_{r=1}^{\infty}\Psi_r\ddot{\eta}_r - \frac{\mathrm{d}^2v}{\mathrm{d}t^2}\Big) - LC\frac{\mathrm{d}^2v(t)}{\mathrm{d}t^2} \tag{5.42}$$

以复数幅值形式来表示,并令 $C = nC_p$,重新整理之后可得

$$\tilde{v} = \frac{\dfrac{f}{a}(\mathrm{j}\omega R - \omega^2 L)\sum\limits_{r=1}^{\infty}\Psi_r\tilde{\eta}_r}{\dfrac{1}{C_p} + \mathrm{j}\omega R\Big(\dfrac{f}{a} + n\Big) - L\omega^2\Big(\dfrac{f}{a} + n\Big)} \tag{5.43}$$

将式(5.28)给出的 $\tilde{\eta}_r$ 代入式(5.43)中,整理之后可得

$$\tilde{v} = \frac{\dfrac{f}{a}m\omega^2\tilde{y}_A(\mathrm{j}\omega R - \omega^2 L)\sum\limits_{r=1}^{\infty}\dfrac{\Psi_r\gamma_r^u}{\omega_r^2 - \omega^2 + \mathrm{j}2\xi_r\omega_r\omega}}{\Big[\dfrac{1}{C_p} + \mathrm{j}\omega R\Big(\dfrac{f}{a} + n\Big) - L\omega^2\Big(\dfrac{f}{a} + n\Big)\Big] + \dfrac{f}{a}(\mathrm{j}\omega R - \omega^2 L)\sum\limits_{r=1}^{\infty}\dfrac{\Psi_r\chi_r}{\omega_r^2 - \omega^2 + \mathrm{j}2\xi_r\omega_r\omega}} \tag{5.44}$$

进一步,将式(5.44)回代到式(5.28),整理后将得到

$$\frac{\tilde{\eta}_r}{\tilde{y}_A} =$$

$$\left\{\gamma_r^w - \chi_r \frac{\dfrac{f}{a}(\mathrm{j}\omega R - \omega^2 L)\sum\limits_{r=1}^{\infty}\dfrac{\Psi_r\gamma_r^u}{\omega_r^2 - \omega^2 + \mathrm{j}2\xi_r\omega_r\omega}}{\Big[\dfrac{1}{C_p} + \mathrm{j}\omega R\Big(\dfrac{f}{a} + n\Big) - L\omega^2\Big(\dfrac{f}{a} + n\Big)\Big] + \dfrac{f}{a}(\mathrm{j}\omega R - \omega^2 L)\sum\limits_{r=1}^{\infty}\dfrac{\Psi_r\chi_r}{\omega_r^2 - \omega^2 + \mathrm{j}2\xi_r\omega_r\omega}}\right\}$$

$$\times \frac{m\omega^2}{\omega_r^2 - \omega^2 + \mathrm{j}2\xi_r\omega_r\omega} \tag{5.45}$$

随后,通过将这一表达式代入式(5.22)的分母中,我们就得到了 TMD 的导纳 $r_{y_AF}^{\mathrm{TMD}}(\omega)$。

5.2.2.3 单一电路——并联 R – L – C

在 5.2.2.1 节和 5.2.2.2 节的情况中,压电悬臂梁的两侧都是分别连接到

两个独立的但是对称布置的 R－L－C 电路上的。与此不同的是,本节中和
5.2.2.4 节中的两个双晶梁是彼此以并联方式连接起来(为了增大生成电荷和
内部电容),然后再连接到一个外部的 R－L－C 电路上的,分别如图 5.8 和
图 5.9 所示。这些构型在实际应用中的优点将在 5.3.3 节中进行讨论,并在后
面的第 6 章(6.3.1 节和 6.3.5 节)中作更为详尽的分析。对于这些情况,所需
的电压和模态响应 $\tilde{\eta}_r$ 的方程推导过程与 5.2.2.1 节和 5.2.2.2 节的情况是相
同的。

如果假定了构型两侧具有力学和电学上的对称性,那么只需将双重电路情
况中的式(5.38)、式(5.39)、式(5.44)以及式(5.45)里面的 f 替换成 $2f$,我们就
能够得到电压和模态响应 $\tilde{\eta}_r$ 的方程。根据图 5.8 或图 5.9 是不难理解这一点
的,其中由每个压电层产生的电流是先相加之后再传递到外部电路的。

对于图 5.8 所示的并联 R－L－C 单一电路情况,我们将前面的式(5.38)和
式(5.39)中的 f 换成 $2f$,于是得到了电压 $\tilde{v}$ 和 $\tilde{\eta}_r/\tilde{y}_A$ 的表达式为

$$\tilde{v} = \cfrac{-\cfrac{2f}{a}m\omega^4\tilde{y}_A\sum_{r=1}^{\infty}\cfrac{\Psi_r\gamma_r^u}{\omega_r^2-\omega^2+\mathrm{j}2\xi_r\omega_r\omega}}{\left(\cfrac{1}{C_pL}+\cfrac{\mathrm{j}\omega}{C_pR}-\cfrac{2f\omega^2}{a}-n\omega^2\right)-\cfrac{\cfrac{2f}{a}\omega^2\sum_{r=1}^{\infty}\Psi_r\chi_r}{\omega_r^2-\omega^2+\mathrm{j}2\xi_r\omega_r\omega}} \tag{5.46}$$

$$\cfrac{\tilde{\eta}_r}{\tilde{y}_A} = \left(\gamma_r-\chi_r\cfrac{-\cfrac{2f}{a}\omega^2\sum_{r=1}^{\infty}\cfrac{\Psi_r\gamma_r^u}{\omega_r^2-\omega^2+\mathrm{j}2\xi_r\omega_r\omega}}{\left(\cfrac{1}{C_pL}+\cfrac{\mathrm{j}\omega}{C_pR}-\cfrac{2f\omega^2}{a}-n\omega^2\right)-\cfrac{\cfrac{2f}{a}\omega^2\sum_{r=1}^{\infty}\Psi_r\chi_r}{\omega_r^2-\omega^2+\mathrm{j}2\xi_r\omega_r\omega}}\right)$$

$$\times\cfrac{m\omega^2}{\omega_r^2-\omega^2+\mathrm{j}2\xi_r\omega_r\omega} \tag{5.47}$$

随后,通过将这一表达式代入式(5.22)的分母中,我们就得到了 TMD 的导
纳 $r_{y_AF}^{TMD}(\omega)$。

5.2.2.4　单一电路——C 并联且 R－L 串联

图 5.9 给出的这个单一电路情况中,电容是并联的,而电感和电阻是串联
的。根据前面的分析,只需将式(5.44)和式(5.45)中的 f 换成 $2f$,就可以得到
电压 $\tilde{v}$ 和 $\tilde{\eta}_r/\tilde{y}_A$ 的表达式为

$$\tilde{v} =$$

$$\cfrac{\cfrac{2f}{a}m\omega^2\tilde{y}_A(j\omega R - \omega^2 L)\sum_{r=1}^{\infty}\cfrac{\Psi_r\gamma_r^u}{\omega_r^2 - \omega^2 + j2\xi_r\omega_r\omega}}{\left[\cfrac{1}{C_p} + j\omega R\left(\cfrac{2f}{a} + n\right) - L\omega^2\left(\cfrac{2f}{a} + n\right)\right] + \cfrac{2f}{a}(j\omega R - \omega^2 L)\sum_{r=1}^{\infty}\cfrac{\Psi_r\chi_r}{\omega_r^2 - \omega^2 + j2\xi_r\omega_r\omega}}$$

$$(5.48)$$

$$\frac{\tilde{\eta}_r}{\tilde{y}_A} =$$

$$\left\{\gamma_r^w - \chi_r\cfrac{\cfrac{2f}{a}(j\omega R - \omega^2 L)\sum_{r=1}^{\infty}\cfrac{\Psi_r\gamma_r^u}{\omega_r^2 - \omega^2 + j2\xi_r\omega_r\omega}}{\left[\cfrac{1}{C_p} + j\omega R\left(\cfrac{2f}{a} + n\right) - L\omega^2\left(\cfrac{2f}{a} + n\right)\right] + \cfrac{2f}{a}(j\omega R - \omega^2 L)\sum_{r=1}^{\infty}\cfrac{\Psi_r\chi_r}{\omega_r^2 - \omega^2 + j2\xi_r\omega_r\omega}}\right\}$$

$$\times\cfrac{m\omega^2}{\omega_r^2 - \omega^2 + j2\xi_r\omega_r\omega} \qquad (5.49)$$

类似地,通过将这一表达式代入式(5.22)的分母中,我们就得到了 TMD 的导纳 $r_{y_A F}^{\mathrm{TMD}}(\omega)$。

5.2.3 利用动刚度方法推导机电式 TMD 的导纳

在这一节中,我们将采用动刚度方法针对前述的 4 种电路构型(图 5.6 ~ 5.9),推导 TMD 的导纳 $r_{y_A F}^{\mathrm{TMD}}(\omega)$。此处得到的结果为 5.2.2 节给出的 AMAM 分析提供了对比验证。实际上,这里的分析过程是对第 4 章(4.3.4 节)所考察过的新概念的拓展,即从只有一个外部电容(构成了双功能的能量收集/振动平衡装置)延伸到相对复杂一些的 R – L – C 电路(构成了双功能的能量收集/TMD 梁装置)。

利用动刚度方法,只需在式(4.72)中令 $\tilde{u}_0 = \tilde{y}_A$ 且 $\tilde{F}_0 = \tilde{F}/2$(即对应于此处由两个对称双晶构型形成的 TMD),经过整理之后我们就可以得到 TMD 的导纳 $r_{y_A F}^{\mathrm{TMD}}(\omega)$,即

$$r_{y_A F}^{\mathrm{TMD}}(\omega) = \frac{\tilde{y}_A}{\tilde{F}} = \frac{1}{2}\left(R_{11} - \frac{R_{12}R_{21}}{R_{22}}\right) \qquad (5.50)$$

式(5.50)中括号内的导纳项可以通过对 TMD 双晶梁在每个激励频率 ω 处

的动刚度矩阵求逆得到(见式(4.40)和式(4.41))。动刚度矩阵(式(4.32),式(4.40))带有一个与频率相关的电学耦合项 G,是由式(4.28)和式(4.29)给出的。对于不同的电路构型来说这个耦合项也是不一样的,每种电路情况中的表达式将在后面几个小节中进行推导。

在通过式(5.50)计算出每种电路情况中的 TMD 导纳之后,就可以利用式(5.4)代替 5.2.2 节的 AMAM 表达式去计算最终的主结构导纳 $r_{y_A F_{ext}}^{host+TMD}(\omega)$ 了(针对给定的 R – L – C 构型)。

5.2.3.1　动刚度方法——双重电路且 R – L – C 并联

对于图 5.6 所示的电路构型,将式(5.34)和式(5.35)以复数幅值形式来表示,然后联立所得到的方程,就可以导出连接到其中一个双晶梁的外部电路阻抗 Z,即

$$Z = \frac{\tilde{v}}{\tilde{i}} = \frac{1}{1/(j\omega L) + j\omega C + 1/R} \tag{5.51}$$

将这一表达式代入式(4.29)(G 的表达式),并令 $C = nC_p$,化简之后就得到了

$$G = \frac{-\omega^2 f\beta}{\frac{1}{L} + \frac{j\omega}{R} - \omega^2 C_p\left(\frac{f}{a} + n\right)} \tag{5.52}$$

5.2.3.2　动刚度方法——双重电路(C 并联,R – L 串联)

针对图 5.7 所示的电路构型,将式(5.40)和式(5.41)以复数幅值形式表达,联立所得到的表达式,我们可以得到连接到双晶梁的外部电路的阻抗 Z 为

$$Z = \frac{\tilde{v}}{\tilde{i}} = \frac{R + j\omega L}{1 - \omega^2 LC + j\omega CR} \tag{5.53}$$

将这一表达式代入式(4.29)(G 的表达式),并令 $C = nC_p$,化简之后就得到了

$$G = \frac{f\beta(j\omega R - \omega^2 L)}{C_p\left\{\frac{1}{C_p} + \frac{j\omega}{R}\left(\frac{f}{a} + n\right) - L\omega^2\left(\frac{f}{a} + n\right)\right\}} \tag{5.54}$$

5.2.3.3　动刚度方法——单一电路(并联 R – L – C)

并联 R – L – C 的单一电路构型如图 5.8 所示,根据 5.2.2.3 节的讨论,这种情况中的 G 可以通过在对应的双重电路情况(即式(5.52))中以 $2f$ 替换 f 得到,于是有

$$G = \frac{-\omega^2 2f\beta}{\dfrac{1}{L} + \dfrac{\mathrm{j}\omega}{R} - \omega^2 C_\mathrm{p}\left(\dfrac{2f}{a} + n\right)} \tag{5.55}$$

5.2.3.4　动刚度方法——单一电路(C 并联,R‑L 串联)

对于图 5.9 所示的这种单一电路构型,如同 5.2.2.3 节所讨论过的,G 的表达式可以通过在对应的双重电路情况(即式(5.54))中以 $2f$ 替换 f 得到,于是有

$$G = \frac{2f\beta(\mathrm{j}\omega R - \omega^2 L)}{C_\mathrm{p}\left\{\dfrac{1}{C_\mathrm{p}} + \dfrac{\mathrm{j}\omega}{R}\left(\dfrac{2f}{a} + n\right) - L\omega^2\left(\dfrac{2f}{a} + n\right)\right\}} \tag{5.56}$$

5.3　仿真分析——带有能量收集 TVA 的
主结构的频响函数

采用机电式 TMD 的目的是在一定激励频率范围内抑制频响函数(联系了连接点处的响应 y_A 与主结构受到的外部激励 F_ext)的目标共振峰,这里所说的激励频率范围是指主结构的目标模式占据主导地位的频带。在下面几个小节中,我们将对机电式 TMD 的作用进行分析。表 5.1 和表 5.2 分别列出了主结构(自由‑自由梁)和机电式 TMD 的双晶梁的相关参数,每个双晶梁的压电层都设定为串联连接形式。

总的来说,这里的理论分析主要考察如下几个问题:①能量收集装置和主结构之间的相互作用;②电阻抗的类型和大小,以及 R‑L 的串联或并联连接形式对振动抑制性能的影响;③利用 R‑L‑C 电路来产生与最优阻尼参考模型等效的作用。我们主要关心的是后者,因为在 5.2.1.2 节的末尾已经指出,理想的参考模型的阻尼比为 $\xi_{a_{\mathrm{opt}}} = 8.24\%$,而 TMD 的实际阻尼比 $\xi_a(= \xi_1)$ 仅为 1% 。

这里的仿真分析考虑了图 5.6~5.9 中给出的 4 种不同形式的 R‑L‑C 电路构型,并针对较宽范围内的 R‑L‑C 电路参数去考察带有 TMD 的主结构的耦合频响函数 $r_{y_\mathrm{A}F_\mathrm{ext}}^{\mathrm{host+TMD}}(\omega)$。通过改变电阻值和电容值,我们可以使得电路阻抗在短路状态(低阻抗)和开路状态(高阻抗)之间变化[1]。具体来说,此处选择的电阻值是在 100Ω 到 $1\mathrm{M}\Omega$ 之间变化。对于这一范围内的给定电阻值,外部电容 C 与压电层的内部电容 C_p 的比值 n 可在 0(较低的外部电容阻抗)到 5(较高的外部电容阻抗)之间变化。对于每一个给定的 R‑C 组合,将通过如下两种情况来分析电感 L 的影响:(a)从电路中移除电感;(b)电路中采用最优电感。

在情况(a)中,我们是通过在图 5.6 和图 5.8 所示的并联电路的方程中设定 $L \to \infty$,在图 5.7 和图 5.9 所示的串联 R‑L 电路的方程中设定 $L = 0$,来考察电感

的影响的。在情况(b)中,则是通过采用 MATLAB 优化工具箱对电感进行优化的[13]。在这种情况中,针对给定的 R 和 C,L 值是利用 MATLAB 函数 fgoalattain 得到的,此处记为$L_{opt}|_{RC}$,这个 L 值能够使得目标函数$|r_{yAF_{ext}}^{host+TMD}(\omega)|$在较宽频率范围内最大限度地小于等于(参考模型的)目标函数$|\{r_{yAF_{ext}}^{host+TMD}(\omega)\}_{uncoup,opt}|$(见图 5.5(b)中的粗实线)[1]。提供给函数 fgoalattain 的$L_{opt}|_{RC}$的初始近似值可以记为$\hat{L}_{opt}|_{RC}$,即

$$\hat{L}_{opt}|_{RC} = \frac{1}{C_p(n+f/a)\omega_a^2} \quad (双重电路,5.2.2.1 节,5.2.2.2 节) \quad (5.57)$$

$$\hat{L}_{opt}|_{RC} = \frac{1}{C_p(n+2f/a)\omega_a^2} \quad (单一电路,5.2.2.3 节,5.2.2.4 节) \quad (5.58)$$

设定为上述近似值的逻辑在于,需要抑制的$|r_{yAF_{ext}}^{host+TMD}(\omega)|$的峰大致位于 $\omega=\omega_a$ 附近,因此无电学耦合的 TMD 的调谐频率(式(5.27a,b))与上述$\hat{L}_{opt}|_{RC}$的表达式近似对应于一个电学共振状态(在 $\omega=\omega_a$ 处,如果 $L=\hat{L}_{opt}|_{RC}$,那么式(5.38)、式(5.39)、式(5.44)、式(5.45)、式(5.46)、式(5.47)、式(5.48)和式(5.49)的分母中的电容项和电感项相互抵消)[1]。

针对一系列 R–C 值确定了最优电感值$L_{opt}|_{RC}$之后,我们就可以通过选择 R、C 和$L_{opt}|_{RC}$值的组合以最佳的效果复制出或者改进参考系统的响应$|\{r_{yAF_{ext}}^{host+TMD}(\omega)\}_{uncoup,opt}|$了。不妨将所选择的组合参数分别记为$\hat{R}_{opt}$、$\hat{C}_{opt}$和$\hat{L}_{opt}$,将它们作为输入提供给函数 fgoalattain,我们就能够完成最终的优化过程,从而确定出总体最优的电阻–电容–电感值(对于所考察的电路构型),即R_{opt}、C_{opt}和L_{opt}[1]。

值得注意的一点是,这里所进行的优化过程采用了由 AMAM 导出的$r_{yAF_{ext}}^{host+TMD}(\omega)$的表达式(见5.2.2 节)。不过,我们可以利用动刚度方法相关公式(5.2.3 节),针对相同的 R–L–C 参数去重新计算 $r_{yAF_{ext}}^{host+TMD}(\omega)$,进而对由 AMAM 得到的上述优化参数值($R_{opt}$、$C_{opt}$和$L_{opt}$)加以验证。

在下面几节所给出的图中,除了耦合频响函数 $r_{yAF_{ext}}^{host+TMD}(\omega)$ 以外,还同时给出了一些图像用于对比:

(1) $r_{yAF_{ext}}^{host}(\omega)$(以细黑虚线表示),即不带 TMD 的主结构的频响函数。

(2) $\{r_{yAF_{ext}}^{host+TMD}(\omega)\}_{uncoup,opt}$(以粗黑点虚线表示),即参照系统的最优响应,或者说带有无电学耦合的 TMD 的主结构频响函数,其最优力学阻尼为 8.24%(假想值)。

(3) $\{r_{yAF_{ext}}^{host+TMD}(\omega)\}_{uncoup}$(以粗黑实线表示),即带有无电学耦合 TMD 的主结

构频响函数,其力学阻尼为实际值(1%)。

5.3.1 双重电路——并联R-L-C情况的耦合频响函数

本节考虑的是图5.6所示的电路构型。针对3种不同的电阻值(100Ω,50kΩ,1MΩ),图5.10(a)~(b)、图5.11(a)~(b)和图5.12(a)~(b)分别给出了所得到的结果。每幅图中分别用蓝色、黑色和红色线表示出了$C=0$、$C=C_p$和$C=5C_p$这3种情况下的$r_{y_A F_{ext}}^{host+TMD}(\omega)$。在图5.10(a)、图5.11(a)和图5.12(a)所给出的结果中,仿真分析中已经移除了电感,只存在R-C元件,而在图5.10(b)、图5.11(b)和图5.12(b)中,则采用的是最优电感$L_{opt}|_{RC}$。

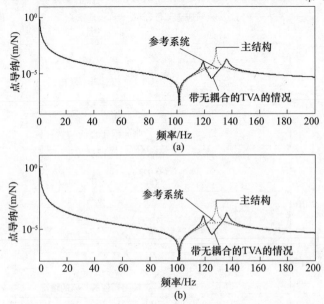

图5.10 双重电路(并联R-L-C,100Ω)情况下的导纳频响(见彩图)
(a)电路中移除了电感;(b)包含了最优电感($C=0C_p$、$C=1C_p$和
$C=5C_p$分别对应于蓝色、黑色和红色曲线)

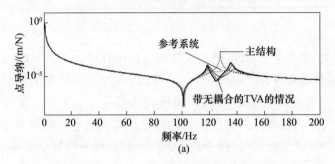

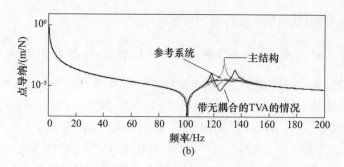

(b)

图 5.11 双重电路(并联 R-L-C,50kΩ)情况下的导纳频响(见彩图)
(a)电路中移除了电感;(b)包含了最优电感($C=0C_p$、$C=1C_p$ 和
$C=5C_p$ 分别对应于蓝色、黑色和红色曲线)

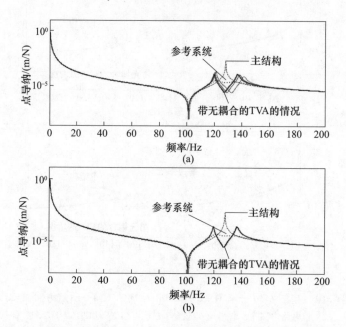

(a)

(b)

图 5.12 双重电路(并联 R-L-C,1MΩ)情况下的导纳频响(见彩图)
(a)电路中移除了电感;(b)包含了最优电感($C=0C_p$、$C=1C_p$ 和
$C=5C_p$ 分别对应于蓝色、黑色和红色曲线)

在图 5.10 这个情况中,电阻是非常小的(100Ω),由于 R-C-L 元件是并联连接的,因而这意味着净阻抗非常小。于是,压电层实际上类似于短路状态,而 $r_{y_A F_{ext}}^{host+TMD}(\omega)$ 将与无电学耦合情况下的响应 $\{r_{y_A F_{ext}}^{host+TMD}(\omega)\}_{uncoup}$ 保持一致(对于所考察的 3 种外部电容值)[1]。这表明了,在非常小的电阻条件下,任何电感值或电容值对于振动衰减都没有影响,系统的行为类似于纯粹的力学系统。在主

104

结构的导纳图中,两个共振峰之间出现了一个反共振点,它给出了压电 TMD/能量收集装置的调谐频率。由于图 5.10 中的电学效应是可以忽略不计的,因此这个反共振点与无电学耦合的 TMD 的调谐频率(由式(5.27a,b)给出,即 ω_a)是一致的。

从图 5.11 可以非常清晰地观察到,随着电路中电阻值的增大,R – C 和 R – L – C 这两种电路情况的 $r_{yAF_{\mathrm{ext}}}^{\mathrm{host+TMD}}(\omega)$ 响应曲线逐渐从代表 $\{r_{yAF_{\mathrm{ext}}}^{\mathrm{host+TMD}}(\omega)\}_{\mathrm{uncoup}}$ 的粗实线中偏离出来。这一现象表明,电学耦合正在对系统的动力学行为产生影响。

进一步仔细观察图 5.11(a)和图 5.12(a)可以发现,两个峰之间的反共振点位置会随着阻抗的增大(注意电路净阻抗随着 R 的增大而增大,随着 C 的增大而减小)而发生变动[1]。这个反共振点对应于机电式 TMD 的有效调谐频率,可记为 $\omega_a|_{\mathrm{coupled}}$,它类似于受基础激励的双晶梁(构成 TMD)的电学耦合共振频率[1]。上述的变动现象与第 3 章和第 4 章所观察到的是一致的。

如同前文曾经指出的,外部电容 C(当与内部压电电容 C_p 并联连接时)会增大整个系统的净电容,这降低了所需的最优电感。图 5.11(b)针对的是前两个电容值(即 $C=0$ 和 $C=C_p$,蓝色和黑色线),电阻值为 $50\mathrm{k}\Omega$ 且电感是最优值,由于此处的 $r_{yAF_{\mathrm{ext}}}^{\mathrm{host+TMD}}(\omega)$ 呈现出一个平坦曲线形态,它非常接近于参照系统的 $\{r_{yAF_{\mathrm{ext}}}^{\mathrm{host+TMD}}(\omega)\}_{\mathrm{uncoup,opt}}$ 曲线,因而可以看成是近最优状态。根据式(5.57)和式(5.58)给出的近似表达可以清晰地看出,这个所需的最优电感值是随着电容 C 的增大而减小的[1]。不过,从图 5.11(b)可以注意到,将电容增大到 $C=5C_p$(电阻仍为 $50\mathrm{k}\Omega$)并对电感进行优化之后,将会导致响应 $r_{yAF_{\mathrm{ext}}}^{\mathrm{host+TMD}}(\omega)$ 变差,也就是说此时的结果曲线会偏离参照系统的最优响应曲线[1]。根据图 5.12 我们可以观察到,对于非常大的电阻($1\mathrm{M}\Omega$),电学效应不会对振动抑制性能产生影响,这主要是因为电路中的净功率耗散是可以忽略不计的(由于电阻中的电流很小)。在 R – C 情况中(图 5.12(a)),$r_{yAF_{\mathrm{ext}}}^{\mathrm{host+TMD}}(\omega)$ 曲线仅仅只是相对于 $\{r_{yAF_{\mathrm{ext}}}^{\mathrm{host+TMD}}(\omega)\}_{\mathrm{uncoup}}$ 曲线向右移动了而已,这是因为阻抗增大(高 R,低 C)导致了刚化。图 5.12(b)表明,采用了最优电感 $L_{\mathrm{opt}}|_{RC}$ 之后会消除这一移动现象。所有三条 $r_{yAF_{\mathrm{ext}}}^{\mathrm{host+TMD}}(\omega)$ 曲线都融合成了 $\{r_{yAF_{\mathrm{ext}}}^{\mathrm{host+TMD}}(\omega)\}_{\mathrm{uncoup}}$ 曲线,其原因在于该电感抵消了由另外两个元件所导致的阻抗增大效应。

根据前面的分析可知,能够最接近参考响应的 R、C 和 $L_{\mathrm{opt}}|_{RC}$ 的组合就是 $R=50\mathrm{k}\Omega$、$C=C_p$ 以及由此确定出的对应的 $L_{\mathrm{opt}}|_{RC}$,相应的结果曲线如图 5.11(b)中的细黑线所示。将这些 R – L – C 值作为输入,进行最终的优化过程之后就可以得到总体最优参数值了,即 $R_{\mathrm{opt}}=45\mathrm{k}\Omega$,$C_{\mathrm{opt}}=C_p$ 和 $L_{\mathrm{opt}}=13.5\mathrm{H}$。图 5.13 中针

对这些参数值给出了 $r_{y_A F_{\text{ext}}}^{\text{host}+\text{TMD}}(\omega)$ 曲线,可以看出它与参考系统的最优响应 $\{r_{y_A F_{\text{ext}}}^{\text{host}+\text{TMD}}(\omega)\}_{\text{uncoup, opt}}$ 曲线是相当吻合的。我们也利用动刚度方法相关公式(见 5.2.3 节)针对这组 R – L – C 参数值重新计算了 $r_{y_A F_{\text{ext}}}^{\text{host}+\text{TMD}}(\omega)$,并将结果曲线也绘制到了图 5.13 中,对比可知它与 AMAM 计算得到的结果曲线是非常一致的。

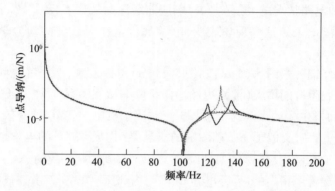

图 5.13　双重电路(并联 R – L – C)情况下的导纳图:AMAM 确定的最优电路
参数(紫红色);DSM 确定的最优电路参数(红色);参考系统(粗点线);
无电学耦合情况(粗黑线);无 TMD 的主结构(细虚线)(见彩图)

5.3.2　双重电路——耦合频响函数(C 并联,R – L 串联)

本节我们来考虑图 5.7 所示的电路构型,该构型的优点是在一个支路中将电阻和电感串联起来了,串联的 R – L 组合能够增大系统的净阻抗。正如后面给出的结果所展示的,该系统将会在小得多的 R 值处(与 5.3.1 节的情况相比)达到调谐状态[1]。正因如此,串联 R – L 构型非常适合于小电阻应用场合,而并联 R – L 构型则适合于高电阻场合。

图 5.14(a) ~ (b)、图 5.15(a) ~ (b)和图 5.16(a) ~ (b)分别给出了 3 种电阻值情况(100Ω,$2.5\,\text{k}\Omega$,$1\,\text{M}\Omega$)下的仿真结果。每幅图都针对 3 种电容值($C = 0$,$C = C_{\text{p}}$ 和 $C = 5C_{\text{p}}$)给出了 $r_{y_A F_{\text{ext}}}^{\text{host}+\text{TMD}}(\omega)$ 曲线,分别是以蓝色、黑色和红色线表示的。在图 5.14(a)、图 5.15(a)和图 5.16(a)中,都是无电感情况(只有 R – C 元件),而在图 5.14(b)、图 5.15(b)和图 5.16(b)中,则针对的是最优电感 $L_{\text{opt}}|_{RC}$ 情况。图 5.14 表示的是非常小的电阻值(100Ω)所对应的 $r_{y_A F_{\text{ext}}}^{\text{host}+\text{TMD}}(\omega)$,从图 5.14(a)不难看出,在 100Ω 这个电阻值情况下(无电感元件),系统的行为完全类似于无电学耦合的系统(因为双晶梁实际上处于短路状态),且 3 种电容值对应的响应曲线都跟 $\{r_{y_A F_{\text{ext}}}^{\text{host}+\text{TMD}}(\omega)\}_{\text{uncoup}}$ 曲线融合到了一起。

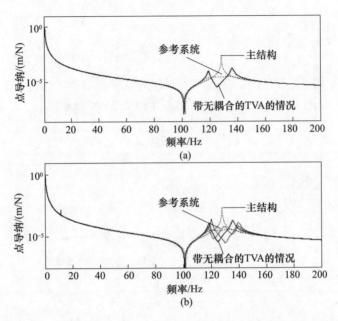

图 5.14 双重电路(并联 C,串联 R - L,100Ω)情况下的导纳频响(见彩图)

(a)电路中移除了电感;(b)包含了最优电感($C = 0C_p$、$C = 1C_p$ 和 $C = 5C_p$ 分别对应于蓝色、黑色和红色曲线)

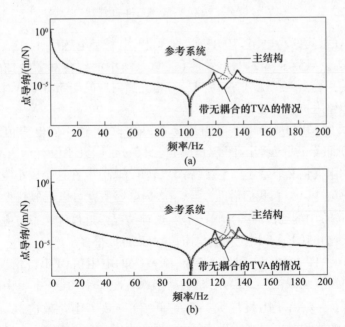

图 5.15 双重电路(并联 C,串联 R - L,2.5kΩ)情况下的导纳频响(见彩图)

(a)电路中移除了电感;(b)包含了最优电感($C = 0C_p$、$C = 1C_p$ 和 $C = 5C_p$ 分别对应于蓝色、黑色和红色曲线)

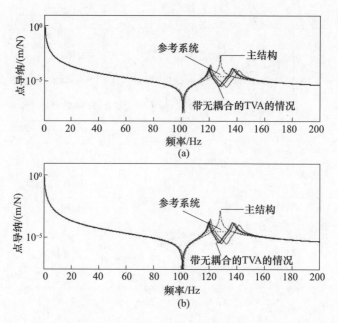

图 5.16 双重电路(并联 C,串联 R – L,1MΩ)情况下的导纳频响(见彩图)

(a)电路中移除了电感;(b)包含了最优电感($C = 0C_p$、$C = 1C_p$ 和

$C = 5C_p$ 分别对应于蓝色、黑色和红色曲线)

然而,在相同的小电阻(100Ω)情况下,当串联了电感$L_{opt}|_{RC}$之后,图 5.14(b)表明,这会导致显著的电学效应(注意该图中的红色和蓝色曲线偏离了$\{r^{host+TMD}_{yAF_{ext}}(\omega)\}_{uncoup}$,可以跟并联 R – L – C 电路所对应的图 5.10(b)对比),这主要是因为电路阻抗有了显著变化。

图 5.15(a)和(b)给出了电阻值为 2.5kΩ 时,3 种不同电容值情况下的$r^{host+TMD}_{yAF_{ext}}(\omega)$曲线。可以看出,图 5.15(a)与图 5.14(a)几乎没有什么不同,这是因为此时的阻抗仍然非常小。不过,图 5.15(b)却表明,在这个较小阻抗情况中引入了电感$L_{opt}|_{RC}$之后,我们借助 $C = C_p$ 这个电容值就可以近似获得最优状态(见图 5.15(b)中的红色曲线)[1]。显然,这种情况中近最优状态对应的电阻值(2.5kΩ)要比并联 R – L 情况中的电阻值(45kΩ)低得多了。

进一步地,图 5.16(a)和(b)指出,在较大的电阻值(1MΩ)情况下,响应$r^{host+TMD}_{yAF_{ext}}(\omega)$没有衰减,这是因为电路中基本没有净功率耗散(电阻中的电流可忽略不计了)[1]。由于阻抗增大(高 R,低 C)导致了刚化效应,所以这里的$r^{host+TMD}_{yAF_{ext}}(\omega)$曲线相对于$\{r^{host+TMD}_{yAF_{ext}}(\omega)\}_{uncoup}$曲线来说只是出现了向右的移动行为而已。此外,考虑到电感与非常大的电阻串联连接,其中的电流非常小,因此电感在这种情况中也没有什么影响[1]。

从上述分析可以看出,能够最接近于参考最优响应的 R、C 和 $L_{opt}|_{RC}$ 的组合就是 $R = 2.5\text{k}\Omega$、$C = C_p$ 以及由此确定出的对应的 $L_{opt}|_{RC}$,相应的结果曲线如图 5.15(b)中的黑线所示。将这些 R-L-C 值作为输入,进行最终的优化过程之后就可以得到总体最优参数值了,即 $R_{opt} = 2.25\text{k}\Omega$,$C_{opt} = 1.06C_p$ 和 $L_{opt} = 12.1\text{H}$。图 5.17 中针对这些参数值给出了 $r_{yAF_{ext}}^{host+TMD}(\omega)$ 曲线,可以看出它与参考系统的最优响应 $\{r_{yAF_{ext}}^{host+TMD}(\omega)\}_{uncoup,opt}$ 曲线是相当吻合的[1]。我们也利用动刚度方法相关公式(见 5.2.3 节)针对这组 R-L-C 参数值重新计算了 $r_{yAF_{ext}}^{host+TMD}(\omega)$,并将结果曲线也绘制到了图 5.17 中,对比可知它与 AMAM 计算得到的结果曲线是非常一致的。

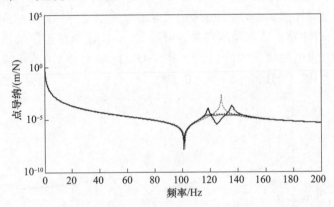

图 5.17 双重电路(并联 C,串联 R-L)情况下的导纳图:AMAM 确定的最优电路
参数(紫红色);DSM 确定的最优电路参数(红色);参考系统(粗点线);
无电学耦合情况(粗黑线);无 TMD 的主结构(细虚线)(见彩图)

5.3.3 单一电路——耦合频响函数

在 5.3.1 节和 5.3.2 节中,我们主要讨论了图 5.6 和图 5.7 所示的两种双重电路构型(R-L 串联或并联)下主结构的导纳情况。在这些构型中,压电梁的两侧都是分别连接到独立的电路上的,因而使得所需的电路元件数量也是双倍的。在本节中,将针对两根压电梁同时连接到单一电路的情况进行分析。与图 5.6 和图 5.7 给出的双重电路构型相比来说,图 5.8 和图 5.9 给出的单一电路构型具有 3 个方面的优点,即:①TMD 两侧的双晶梁是互相并联连接的,因而其内部电容$(f/a)C_p$ 是相加的(见式(5.29)和式(5.31)),这就使得系统具有更高的电容,因而也就只需采用较小的电感来进行最优调节(从式(5.58)可以清晰地体现这一点);②达到调谐状态所需的电阻非常小;③单一电路所需的元件

数量减少了一半,更为经济并且节省空间[1]。除了这些优点之外,在所考察的阻抗范围内单一电路构型下的导纳 $r_{y_AF_{ext}}^{host+TMD}(\omega)$ 曲线跟双重电路情况中对应情形的结果(见5.3.1节和5.3.2节)仍然具有相同的变化趋势[1]。也正因如此,本节中我们将只给出总体最优参数。

对于并联 R–L–C 的单一电路情形(图5.8),我们所确定的总体最优参数分别为 $R_{opt}=22.25k\Omega$,$C_{opt}=0.96C_p$ 和 $L_{opt}=9.082H$。图5.18给出了基于这组参数得到的 $r_{y_AF_{ext}}^{host+TMD}(\omega)$ 曲线,可以看出它与参考最优响应曲线 $\{r_{y_AF_{ext}}^{host+TMD}(\omega)\}_{uncoup,opt}$ 是非常一致的。类似地,我们也采用5.2.3节给出的动刚度方法相关公式对这组 R–L–C 参数下的 $r_{y_AF_{ext}}^{host+TMD}(\omega)$ 重新进行了计算,图5.18中也同时绘制出了这一结果曲线,不难发现它与 AMAM 计算结果是相当吻合的。通过对比图5.18这个结果和对应的双重电路(并联 R–L–C)构型的结果,我们可以注意到该电路现在是调谐到 22.5kΩ 这个电阻值的,这个电阻值要明显小于双重电路情况中的最优电阻值 45kΩ(图5.13)。不仅如此,所需的最优电感值也从 13.5H 减小到了 9.082H。

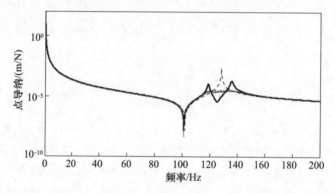

图5.18　单一电路(并联 R–L–C)情况下的导纳图:AMAM 确定的最优电路
参数(紫红色);DSM 确定的最优电路参数(红色);参考系统(粗点线);
无电学耦合情况(粗黑线);无 TMD 的主结构(细虚线)(见彩图)

对于串联 R–L 的单一电路(图5.9)来说,总体最优参数为 $R_{opt}=1.80k\Omega$,$C_{opt}=1.42C_p$ 和 $L_{opt}=7.66H$[1]。图5.19给出了基于这组参数得到的 $r_{y_AF_{ext}}^{host+TMD}(\omega)$ 曲线,可以看出它与参考最优响应曲线 $\{r_{y_AF_{ext}}^{host+TMD}(\omega)\}_{uncoup,opt}$ 是非常一致的。同样地,我们也采用5.2.3节给出的动刚度方法相关公式对这组 R–L–C 参数下的 $r_{y_AF_{ext}}^{host+TMD}(\omega)$ 重新进行了计算,图5.19中也同时绘制出了这一结果曲线,不难发现它与 AMAM 计算结果也是相当吻合的。通过对比图5.19这个结果和对应的双重电路(串联 R–L)构型的结果(图5.17),我们可以注意到这种情况所需的最优电阻值(1.8kΩ)要比对应的双重电路情况(2.25kΩ)稍微低一些。在这两个串联 R – L 构型中,最优电阻值都要远小于并联 R – L 的双重或单一电路构型情形。

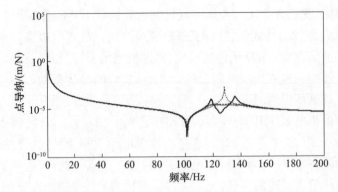

图 5.19　单一电路(并联 C,串联 R – L)情况下的导纳图:AMAM 确定的最优电路
参数(紫红色);DSM 确定的最优电路参数(红色);参考系统(粗点线);
无电学耦合情况(粗黑线);无 TMD 的主结构(细虚线)(见彩图)

最后,我们针对 5.3.1 节、5.3.2 节和 5.3.3 节所讨论过的单一和双重电路构型,总结了总体最优参数情况,如表 5.3 所列。非常明显,最方便也最经济的电路构型就是 R – L 串联的单一电路,因为它所需的最优电阻和电感是最小的,而且由于是单一电路,所以电阻和电感元件都只需要一个即可[11]。

表 5.3　调谐状态下的最优 R – L – C 参数

电路类型	R – L 连接	n	$R/\text{k}\Omega$	L/H
双重电路	并联	1	45	13.5
	串联	1.06	2.25	12.1
单一电路	并联	0.96	22.5	9.082
	串联	1.42	1.18	7.66

需要引起注意的是,表 5.3 所给出的最优 R – L – C 参数值并不是唯一的。事实上,最优化过程的数值实验已经表明,通过改变该表中电阻、电容和电感中的一个或多个元件的取值,然后重新输入到优化算法中,能够获得新的最优 R – L – C 参数组合,据此得到的分析结果与参考最优响应也能匹配得相当好(与表中情况的效果基本相同)[1]。显然,这就为从事能量收集/TMD 装置设计的相关人员提供了较宽的选择余地,使得他们能够以多种不同方式来满足特定的设计要求。当然,应当注意的是,虽然存在多种最优参数组合,不过电阻、电感和电容之间的相互依赖关系仍然与上述各节中所得到的相关规律是相同的。

5.4　本章小结

在本章中,我们介绍了一类机电式可调谐吸振器(TVA,或者更准确地说,可调谐质量阻尼器,TMD)概念,进行了理论分析。这一装置可以通过两根对称布置的双功能能量收集/TMD 梁构造而成,借助恰当的分流处理,可以对一般性结构的某个目标振动模式加以抑制。这一 TMD 装置的最优振动抑制性能是由压电能量收集机制所提供的。

所提出的机电式 TMD 与经典的 TMD 在理论上具有相似性,因而很容易应用到一般的主结构上。不仅如此,它还保留了电学 TVA 的优点,特别是在精准调节所需的阻尼水平(针对不同的电路构型)这一方面。此外,这种梁式设计方案还是非常简单而紧凑的,同时也非常容易根据实际需要进行重新调节。

值得指出的是,除了上述提及的优点,借助 AC - DC 整流装置,机电式 TMD 还可以具有能量储存的功能,不过这一非线性分析内容不在本书所考虑的范畴之内。

参考文献

1. Bonello, P. R., & Shuttleworth, R. (2012). A theoretical study of a smart electromechanical tuned mass damper beam device. *Smart Materials and Structures, 21*(12).
2. Flotow, V. B., & Bailey, D. (1994). Adaptive tuned vibration absorbers: Tuning laws, tracking agility, sizing, and physical implementations. *Proceedings of National Conference on Noise Control Engineering. Progress in Noise Control for Industry.*
3. Kidner, M., & Brennan, M. J. (1999). Improving the performance of a vibration neutraliser by actively removing damping. *Journal of Sound and Vibration, 221*(4), 587–606.
4. Bonello, P., & Groves K. H. (2009). *Vibration control using a beam-like adaptive tuned vibration absorber with an actuator-incorporated mass element. Mechanical Engineering Science, 223*(7).
5. Hartog, D. (1956). *Mechanical vibrations.* New York: Mc-Graw Hill.
6. Park, C. H. (2003). Dynamics modelling of beams with shunted piezoelectric elements. *Journal of Sound and Vibration, 268*(1), 115–129.
7. Hagood, N. W., & Von Flotow, A. (1991). Damping of structural vibrations with piezoelectric materials and passive electrical networks. *Journal of Sound and Vibration, 146*(2), 243–268.
8. Hollkamp, J., & Starchville, T. F. (1994). Self-tuning piezoelectric vibration absorber. *Journal of Intelligent Material Systems and Structures, 5*(4), 559–566.
9. Law, H. H. (1996). Characterization of mechanical vibration damping by piezoelectric materials. *Journal of Sound and Vibration, 197*(4), 489–513.
10. Ewins, D. J. (2000). *Modal testing: Theory, practice, and application* (2nd ed.). Baldock: Research Studies Press, c2000.
11. Rafique, S., Bonello, P., & Shuttleworth, R. (2013). Experimental validation of a novel smart ectromechanical tuned mass damper beam device. *Journal of Sound and Vibration, 332*(20), 4912–4926.

12. Rafique, S., & Bonello, P. (2010). Experimental validation of a distributed parameter piezoelectric bimorph cantilever energy harvester. *Smart materials and structures, 19*(9).
13. Matlab. (2011). *Optimisation toolbox, User's guide* (Vol. 717). The MathWorks, Inc.

第6章　能量收集梁/可调谐
质量阻尼器的实验研究

6.1　实　验　设　置

这里采用的实验设置原理图可以参考图 5.4，其中清晰地标出了主结构和 TMD 之间的边界。第 5 章给出的理论分析是针对一般主结构的，为了便于演示，此处的主结构选择的是一根自由－自由梁，其中部带有一个连接块，TMD 主要针对该主结构的一阶横向模式进行抑制（图 5.4）。这个简单的构型有效降低了制备上和实验上的复杂性。图 6.1 中已经给出了实验中的照片。此处的机电式 TMD 是由两根对称布置的分流双晶梁构成的，它连接到上述的主结构上。主结构是安装在一个电动激振器上的，后者提供了外部激励（图 5.4 中的 F_{ext}）。附录 B 中我们还给出了实验中使用的仪器设备的详细情况。

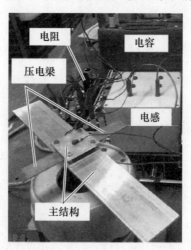

图 6.1　实验设置：能量收集装置/TMD 梁连接到主结构上（见彩图）

在搭建图 6.1 所示的实验配置时，主要进行了如下一些设计与分析工作：

（1）针对主结构（自由－自由边界下的铝制梁）的目标模式所对应的模态参数（共振频率 Ω_2，模态质量 $M_A^{(2)}$ 和模态阻尼）进行实验识别。

（2）设计和购置必需的双晶梁,使得在给定的质量比(式(5.8))前提下,短路状态下的基本频率ω_a(固支－自由边界)满足TMD的最优调谐条件(式(5.6))。

（3）设计开发便于调整的R－L－C电路,以实现图5.8~5.11所示的4种构型,主要是根据最优电路参数(使得机电式TMD的行为类似于式(5.3)给出的带有最优阻尼的等效力学系统)计算得到,其中采用了可变电容、可变电阻和可变电感元件,从而可以轻松地调节R－L－C电路参数。

6.1.1　主结构模态参数的实验识别

图6.2中示出了用于识别主结构(不带TMD)模态参数的实验设置,这个自由－自由梁形式的主结构通过一个测力计安装在激振器上,测力计用来测量外部激励力F_{ext}。在连接块的中心位置还安装了一个微型加速度传感器。实验中将随机激励信号发送给激振器,随机信号是采用计算机控制的数据采集系统产生的,进而借助该系统来测得导纳频响$r_{yAF_{ext}}^{host}(\omega)$。最后,我们采用曲线拟合方法处理实验得到的频响函数,进而基于模态级数展开式(5.5)来确定所需的模态参数,应当注意的是该模态级数展开中忽略了结构的阻尼[1]。我们对这个级数展开式做了截断处理,只保留前两阶项,其中一阶项代表的是刚体运动模式,二阶项是真正的一阶横向振动模式。表5.1中已经列出了模型的参数,图6.3将测得的频响函数与理论分析结果进行了对比,后者是利用这里的模型参数重新根据式(5.5)计算得到的,需要注意的是,在这个重新计算中,我们在式(5.5)这个级数展开式的第二项的分母中增加了一个阻尼项$j2\widehat{\xi_2}\Omega_2\omega(\widehat{\xi_2}=0.14\%)$。从测得的频响函数结果与重新计算得到的结果可以看出,一阶横向模式的共振幅值水平是相当一致的,这也表明了主结构中的阻尼实际上是可以忽略不计的。

图6.2　测试样件与测试设备(见附录C)(见彩图)

115

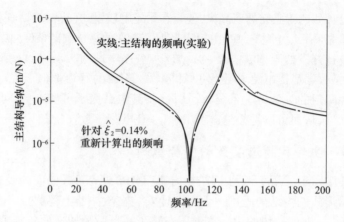

图 6.3　重生成频响函数来估计主结构的阻尼

6.1.2　双晶 TMD 的设计

根据图 5.4 可以看出,TMD 的质量 m_a 是由双晶梁的悬伸部分构成的,所需的每根双晶梁的悬伸部分质量应为 $m_a/2$,它们在短路状态下的一阶固有频率(固支 – 自由边界下)就是 TMD 的调谐频率 ω_a(根据式(5.27a))。在确定了 $M_A^{(2)}$ 并指定质量比 μ 在 2% 范围内之后,所需的 m_a 值就可以根据式(5.8)、式(5.11b,c)和式(5.12)估计出来。然后,所需的调谐频率 ω_a 也就可以根据式(5.6)和式(5.7)得到。在知道了所需的吸振器的调谐频率、质量和密度之后,压电层材料和中间层材料的长宽高等几何参数也就可以确定了,随后通过考虑式(5.27a)和式(5.20)就能够定制出这些双晶梁了。

我们通过上述过程最终完成了双晶梁的选型和尺寸计算,并由 Piezo Systems 公司完成了制备。每一根双晶梁都是由两个 PZT – 5A4E 压电层粘贴到铝层的上下表面所构成的。此外,每根双晶梁都采用了串联连接形式,其几何特性、材料特性以及机电特性是由制造商提供的,见表 5.2。需要注意的是,制造商提供的这个双晶梁的总长度为 72.5mm,其中只有 58.75mm 是悬伸部分(用于获得所需的调谐频率)。压电层的固支部分可以视为附加到主结构上的一个简单的刚性质量。于是,当连接了 TMD 之后,我们就需要对主结构参数 $M_A^{(1)}$、$M_A^{(2)}$ 和 Ω_2 做些许修正。根据式(5.8)和式(5.11b,c)重新计算出的最终的质量比为 $\mu = 1.86\%$。根据式(5.27a)、式(5.20)、式(5.6)以及式(5.7)还可看出,ω_1(即 ω_a)约等于 $\omega_{a_{opt}}$,也就是说无电学耦合的系统近似达到了最优调谐。利用式(5.3),计算得到的最优阻尼比为 $\xi_{a_{opt}} = 8.24\%$,这个值是用于参照模型中的(见 5.2.1 节),机电式 TMD 的实验结果和理论结果就是与这个参照模型结果进

116

行对比的。

6.1.3 R – L – C 电路的设计

在这里的实验中需要针对上一章图 5.8 ~ 图 5.11 给出的 4 种 R – L – C 电路构型进行考察,从上一章中的表 5.3 可以看出,为了验证理论分析结果,我们需要如下一些元件:

(1) 电感元件,其值应在 7.66 ~ 13.45H。

(2) 电阻元件,其值应在 100Ω ~ 1000kΩ。

(3) 电容元件,其值应在 76 ~ 400nF。

通过可调电阻箱和可调电容箱是很容易获得所需的电阻与电容的,不过要获得上面所给出的 10H 以上的电感却有点困难。

由于重量和空间上的限制,较大的电感值一般是比较难以制备的,如 10 ~ 1000H 的电感。线圈匝数的增大会导致铜线圈的重量和体积也随之增大,实际上电感值与线圈数量的平方是成正比关系的,即

$$L = \frac{\mu_0 \mu_r N^2 A}{l} \tag{6.1}$$

式中:L 为电感值(单位为 H);μ_0 为真空磁导率($4\pi \times 10^{-7}$H/m);μ_r 为线圈内部磁芯的相对磁导率;N 为线圈匝数;A 为磁芯截面积(m^2);l 为磁芯长度(m)。

实际场合中,人们常常采用虚拟的电感电路(如文献[2 – 3])来替代传统的电感元件,特别是在需要较大的电感值而传统电感元件又难以实现时。虚拟电感主要采用的是运算放大器和其他一些电子电路单元来模拟高电感效应。不过,这些虚拟电路一般是需要外部提供功率源的。显然,需要外部功率源这一点是跟机电式 TMD 这一概念相悖的,因为后者是一个纯粹的被动式装置。当然,我们也可以考虑从 TMD 的能量收集功能出发为这个虚拟电感电路提供能量,不过这会涉及非常复杂的电路设计与开发,本书不做进一步讨论。

根据上述讨论可以看出,由于这里的实验所要求的电感值不是特别高,因此我们可以设计制备一个可调铜线圈电感箱(在实验室中手工绕制而成)。我们制备了 5 种具有不同电感值的电感器,然后将其焊接到单面条纹板(Kelan – 147899)上,随后将该电路板固定到一个 ABS 箱子底部,如图 6.4 所示。在这个箱子的顶部钻孔并安装 4mm 插座以满足线路连接需求。不同的电感值可以通过改变上述电感器的相互连接关系(串联或并联)来获得。

表 6.1 中已经列出了这个可调电感箱所用到的元件的设计参数,借助这个定制的可调电感箱,这里的实验条件也就得到了满足,我们也由此获得了良好的实验结果。

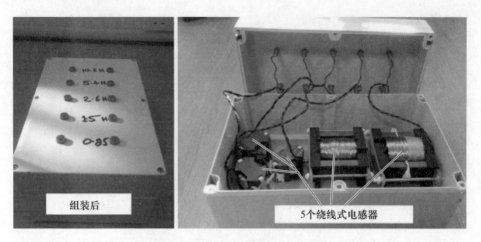

图6.4 手工制备的电感箱(见彩图)

表6.1 可调电感箱的设计参数

电感/H	绕线匝数	内电阻/Ω	间距/mm	所用磁芯(来自 Farnell)
10.66	2150	50	0.1	EPCOS ETD59
5.4	1520	35	0.1	EPCOS ETD59
2.66	1457	99	0.1	EPCOS RM14
1.5	1030	16	0.1	EPCOS RM14
0.8	728	11.5	0.1	EPCOS RM14

实际上,上述的这个电感箱能够提供的可调电感值位于 $0.5 \sim 20H$ 之间,而且还非常容易在各种电感值之间进行切换,其分辨率为 $0.5H$,由铁氧体材料的不稳定性导致的误差一般在 $\pm 25\%$(理论值)。

6.2 实 验 验 证

本节我们将给出相关的实验结果,用来验证前一章给出的理论结果。完整的实验设置可以参见图6.1、图6.2和图6.5。TMD和主结构这个组合体通过一个测力计安装到激振器上,并且在连接块中心位置安装了一个微型加速度传感器。激振器给出的外部激励 F_{ext} 是一个随机激励信号,其频带为 $0 \sim 320Hz$,是由一个计算机控制的数据采集系统发送给激振器的,同时也借助该数据采集系统测量导纳频响 $r_{yAF_{ext}}^{host+TMD}(\omega)^{[4]}$。此外,为了避免引入非线性效应,我们将输入激励力的幅值控制在较低水平。在后面各个小节中,将针对图5.8~图5.11这4种电路情况给出频响 $r_{yAF_{ext}}^{host+TMD}(\omega)$,其中考虑了一系列电阻、电感和电容值。

图 6.5 中的下方给出了双重电路构型情况（图 5.8 和图 5.9）中的硬件设置，而图 6.5 中的上方则给出的是单一电路构型情况（图 5.10 和图 5.11）中的硬件设置。后者所需的元件数量要比前者减少一半，因而降低了成本、重量和空间需求。

（单一电路）

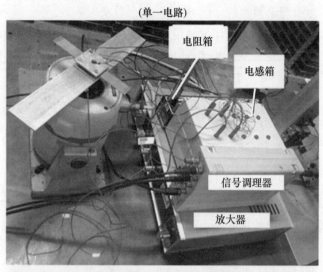

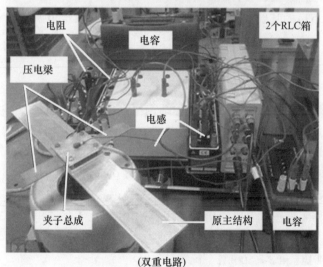

（双重电路）

图 6.5　单一电路和双重电路测试构型的实验设置（见彩图）

对于上述的 4 种电路构型，我们将最优调谐状态的实验结果（$r_{y_A F_{ext}}^{host+TMD}(\omega)$）与如下结果进行对比[1]：

（1）参考力学模型的最优频响$\{r_{yAF_{\text{ext}}}^{\text{host}+\text{TMD}}(\omega)\}_{\text{uncoup, opt}}$（图5.7（b））。

（2）最优仿真结果（其中的 R－L－C 是利用5.3节给出的优化过程得到的）。

（3）相同 R－L－C 参数条件下的仿真结果（因为实验确定出的最优 R－L－C 参数不会跟理论预测的最优 R－L－C 参数精确一致）。

我们可以发现，对于所有情况来说，这里的实验结果跟第5章的理论结果都表现出相同的变化趋势，不仅如此，还可以观察到电路布置或电路参数的任何改变都会对主结构的响应产生显著的影响。

6.2.1　单一电路构型（并联R－L－C）情况下的频响函数

这种电路构型可以参见图5.10，两根双晶梁的电极首先是相互并联，然后再跟外部单一 R－L－C 电路连接起来。在这一电路布置情况下，双晶梁的内部电容$(f/a)\,C_{\text{p}}$是叠加的，从而使得系统的电容变成双倍，这也就减小了达到调谐状态所需的电感器尺寸。对于所使用的双晶梁，实验确定的每个压电层的电容C_{p}为76nF。两根双晶梁的等效电容就是$(2f/a)\,C_{\text{p}}$（见式（5.29）和式（5.31））。显然，对于串联连接的压电层来说（$a=2$，$f=1$，式（4.7），式（4.19）），两根双晶梁的等效电容就是76nF。

在式（5.58）的基础上，我们可以借助如下关系式来给出所需电感的初步估计，即

$$L \approx \frac{1}{C_{\text{p}}(n+2f/a)\,(\Omega_2)^2} \tag{6.2}$$

式中：Ω_2为所需的调谐频率（针对目标结构振动模式，127.7Hz）。式（6.2）是从前一章中的式（5.58）修改得到的（考虑了$\Omega_2 \approx \omega_{\text{a}}$）。若将外部电容$C=nC_{\text{p}}$设定为零，那么就可以估计出所需的电感约为20H。在随后的不带外部电容的实验分析中，我们发现当电感值为15.8H时能够获得最优频响。因此，除了减少一半的元件数量以外，单一电路的内部电容更大这一点也使得我们不再需要设置外部电容器了。图6.6中给出了采用上述电感值、无外部电容器这种情况下的导纳$r_{yAF_{\text{ext}}}^{\text{host}+\text{TMD}}(\omega)$，考虑了4种电阻值情形，即$R=100\Omega$（短路状态）、$R=40\text{k}\Omega$、$R=100\text{k}\Omega$和$R=500\text{k}\Omega$。

从图6.6可以观察到，在较小的电阻值处（$R=100\Omega$，即短路状态），$r_{yAF_{\text{ext}}}^{\text{host}+\text{TMD}}(\omega)$曲线存在着两个明显的峰值，与无电学耦合系统的情况是类似的。不过，频响函数曲线中的这两个明显的峰会随着电阻值的增大而逐渐消失。在电阻值为$R=40\text{k}\Omega$时，这两个峰几乎彻底消失了，主结构的响应表现为平坦的曲线形式（粗

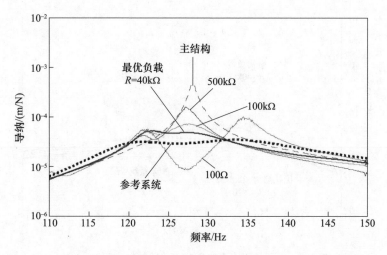

图 6.6 单一电路(并联 R – L)情况下实验结果的比较(见彩图)

蓝线),跟最优的参考响应 $\left\{ r_{yAF_{ext}}^{host+TMD}(\omega) \right\}_{uncoup,opt}$ 是类似的。当电阻值超过最优值($R=40\mathrm{k\Omega}$)时,该系统偏离了调谐状态,在频响曲线图中只出现了一个峰。这一现象是因为当电阻值超过最优值以后,系统的行为类似于一个过阻尼系统。此外,当电阻值非常大时($R=500\mathrm{k\Omega}$),压电 TVA/能量收集系统的共振频率发生了大约 6% 的变化(从短路状态到开路状态),这是导致 TVA 解调的另一原因。

图 6.7 针对单一电路(并联 R – L – C)情况将 3 种不同的最优导纳图做了对比,它们分别是:①实验得到的最优 $r_{yAF_{ext}}^{host+TMD}(\omega)$;②仿真得到的 $r_{yAF_{ext}}^{host+TMD}(\omega)$(所采用的 R – L – C 值是通过 5.3 节给出的最优化技术得到的);③参考系统的最优频响 $\left\{ r_{yAF_{ext}}^{host+TMD}(\omega) \right\}_{uncoup,opt}$。从图 6.7 中不难发现,MATLAB 优化工具箱计算得到的最优曲线跟参考最优响应曲线是非常接近的,而实验得到的最优响应跟参考响应基本接近,其匹配程度较前者要差一些。实验和仿真得到的最优频响函数之间的差异主要源自于这两种情况下的 R – L – C 参数值是有所不同的,在实验中 $R=40\mathrm{k\Omega}$、$L=15.8\mathrm{H}$、$C=0$,而在仿真中 $R=22.5\mathrm{k\Omega}$、$L=10\mathrm{H}$、$C=1.05C_{p}$。导致这些参数值差异的原因在于,两种情况中的优化策略是相当不同的。实验中是手动进行调节(外部电容限定为零),而仿真中对于 R – L – C 参数的约束要少一些,特别是电容。

从图 6.8 可以看出,如果采用了相同的 R – L – C 参数值($R=40\mathrm{k\Omega}$,$L=15.8\mathrm{H}$,$C=0$),那么实验和仿真得到的频响函数 $r_{yAF_{ext}}^{host+TMD}(\omega)$ 曲线之间的吻合度有了相当大的提升。这种情况下两幅图之间的差异主要来源于理论建模过程,特别是没有考虑所使用的元器件的内电阻以及两根双晶梁的不对称性(电学上和力学上,除了制造误差和夹紧误差等)。

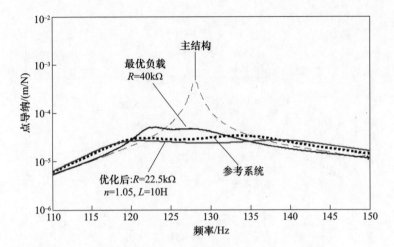

图 6.7 单一电路(并联 R－L－C)情况下频响函数的
对比(实验和理论得到的最优结果)(见彩图)

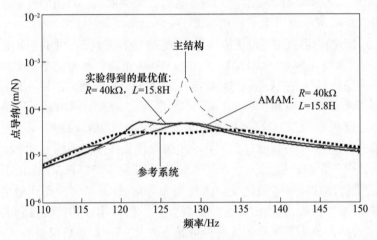

图 6.8 单一电路(并联 R－L－C)情况下理论和
实验结果的对比(针对相同参数)(见彩图)

6.2.2 单一电路构型(并联 C, 串联 R－L)情况下的频响函数

此处考察的电路构型如图 5.11 所示,作为一种单一电路形式,跟 6.2.1 节的情况类似,这个系统的内部电容要比双重电路构型更大一些,于是这里也可以不采用外部电容器,而只需借助相同的电感值(15.8H)即可获得最优状态。与6.2.1 节的情况不同的是,此处的电感是跟电阻串联连接的。如同第 5 章所指出的,这种连接形式的优点在于能够增大系统的净阻抗。正因如此,该系统能够

在小得多的 R 值处(与并联 R – L 相比)达到调谐状态,或者说串联 R – L 构型适合于低电阻应用场合,而并联 R – L 构型则适合于高电阻应用场合。

图 6.9 针对 $L = 15.8H$ 且无外部电容的情况给出了 4 种电阻值条件下($R = 500\text{k}\Omega$、$R = 100\text{k}\Omega$、$R = 50\text{k}\Omega$、$R = 2.1\text{k}\Omega$)的导纳 $r_{yAF_{ext}}^{host+TMD}(\omega)$,从中不难观察到,对于此处的串联 R – L 构型,机电式 TMD 将在非常小的电阻值($R = 2.1\text{k}\Omega$)处达到最优调谐状态,该电阻值要比并联 R – L 情况中的 $40\text{k}\Omega$ 小得多。

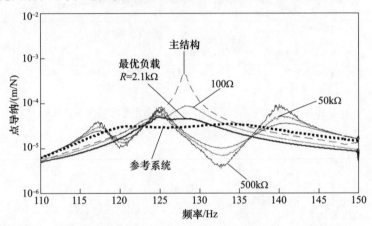

图 6.9　单一电路(并联 C,串联 R – L)情况下的实验结果(见彩图)

图 6.10 针对单一电路构型(并联 C,串联 R – L),将 3 种不同的最优导纳图进行了对比,它们分别是:①实验得到的最优 $r_{yAF_{ext}}^{host+TMD}(\omega)$;②仿真得到的 $r_{yAF_{ext}}^{host+TMD}(\omega)$(所采用的 R – L – C 值是通过 5.3 节给出的最优化技术得到的);③参考系统的最优频响 $\{r_{yAF_{ext}}^{host+TMD}(\omega)\}_{\text{uncoup,opt}}$。可以看出,实验和仿真得到的最优曲线都跟参考响应曲线吻合得较好,不过实验和仿真得到的最优频响曲线之间仍存在一定的偏差,正如前面讨论过的,这一偏差主要是由于 R – L – C 值在这两种情形中是有区别的,这种区别是由于采用了不同的优化策略。实际上,在实验情形中 $R = 2.1\text{k}\Omega$、$L = 15.8H$、$C = 0$,而在仿真分析中则为 $R = 1.8\text{k}\Omega$、$L = 7.66H$、$C = 1.42C_{\text{p}}$。

类似地,根据图 6.11 我们还可以观察到,如果采用了相同的 R – L – C 参数值($R = 2.1\text{k}\Omega$,$L = 15.8H$,$C = 0$),那么实验和仿真得到的频响函数 $r_{yAF_{ext}}^{host+TMD}(\omega)$ 曲线之间的吻合度会有相当大的提升。

6.2.3　双重电路构型(并联 R – L – C)的频响函数

在这种电路构型中,机电式 TMD 的每根双晶梁都连接到一个单独的电路(均由相同参数的 R – L – C 并联而成),可以参见图 5.8。针对外部电容为

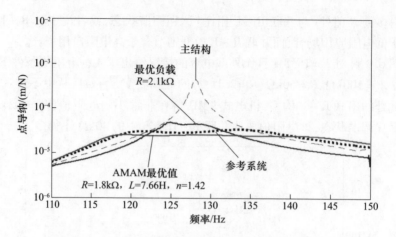

图 6.10　单一电路(并联 C,串联 R–L)情况下频响函数的
对比(实验和理论得到的最优结果)(见彩图)

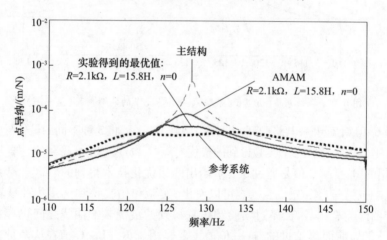

图 6.11　单一电路(并联 C,串联 R–L)情况下的频响函数
对比(理论和实验结果,针对相同参数)(见彩图)

100nF、电感为 10H 和 4 种电阻值($R=1000\text{k}\Omega$、$R=50\text{k}\Omega$、$R=25\text{k}\Omega$、$R=1\text{k}\Omega$),
图 6.12 给出了对应的导纳 $r^{\text{host}+\text{TMD}}_{y_A F_{\text{ext}}}(\omega)$。可以看出,这些频响曲线的变化趋势
跟 6.2.1 节和 6.2.2 节的情况是类似的,最优调谐位于 50kΩ 附近,也与对应的
单一电路情况(50kΩ)是差不多的。

　　图 6.13 针对双重电路构型(并联 R–L–C),将 3 种不同的最优导纳图进行
了对比,它们分别是:①实验得到的最优 $r^{\text{host}+\text{TMD}}_{y_A F_{\text{ext}}}(\omega)$;②仿真得到的 $r^{\text{host}+\text{TMD}}_{y_A F_{\text{ext}}}(\omega)$
(所采用的 R–L–C 值是通过 5.3 节给出的最优化技术得到的);③参考系统的

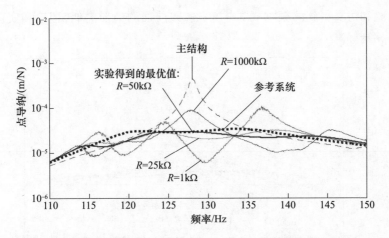

图 6.12　双重电路构型(并联 R－L－C)情况下的实验结果(见彩图)

最优频响 $\left| r_{y_A F_{ext}}^{host+TMD}(\omega) \right|_{uncoup,opt}$。可以看出,实验和仿真得到的最优曲线都跟参考响应曲线吻合得非常好,并且实验和仿真得到的最优频响曲线之间的匹配程度也要远好于前面的单一电路情况下的结果。其原因在于,实验中的优化过程受到的限制要少一些,外部电容不再限制为零,也就是说所有 3 个参数都可以调节,跟仿真中的优化过程是一样的。事实上,实验和仿真中确定出的 R－L－C 值是非常接近的,在实验情形中 $R=50\mathrm{k}\Omega$、$L=10\mathrm{H}$、$C=1.35C_p$,而在仿真分析中则为 $R=45\mathrm{k}\Omega$、$L=13.5\mathrm{H}$、$C=1C_p$。

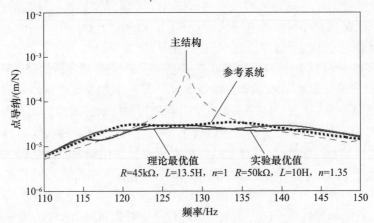

图 6.13　双重电路构型(并联 R－L－C)情况下的频响函数对比(见彩图)
(实验和理论得到的最优频响以及参考系统的最优响应)

图 6.14 中针对相同的 R－L－C 参数值($R=50\mathrm{k}\Omega$、$L=10\mathrm{H}$、$C=1.35C_p$)给

出了实验和仿真得到的频响 $r_{yAF_{ext}}^{host+TMD}(\omega)$，跟前面的情形类似，理论和实验之间吻合得相当好。

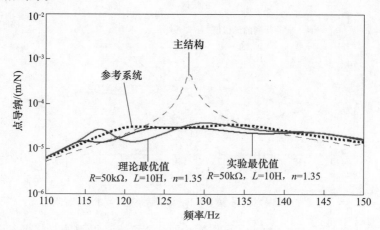

图 6.14　双重电路构型(并联 R – L – C)情况下的频响函数对比(见彩图)

(理论和实验结果,针对相同参数)

6.2.4　双重电路构型(并联 C，串联 R – L)的频响函数

在这种构型中,机电式 TMD 的每根双晶梁也是连接到完全相同的独立电路上的,该电路中的电容器是并联的,而电感和电阻是串联连接的,见图 5.9。如同 6.2.2 节针对单一电路构型所做的讨论,R – L 串联能够增大系统的净阻抗,因此该系统可以在小得多的电阻值(与并联 R – L 相比)处达到调谐状态。这种情况下实验确定出的最优响应所对应的电阻值为 2.5kΩ。

图 6.15 针对双重电路构型(并联 C,串联 R – L),将 3 种不同的最优导纳图进行了对比,它们分别是:①实验得到的最优 $r_{yAF_{ext}}^{host+TMD}(\omega)$;②仿真得到的 $r_{yAF_{ext}}^{host+TMD}(\omega)$(所采用的 R – L – C 值是通过 5.3 节给出的最优化技术得到的);③参考系统的最优频响 $\{r_{yAF_{ext}}^{host+TMD}(\omega)\}_{uncoup,opt}$。可以看出,实验和仿真得到的最优曲线都跟参考响应曲线吻合得非常好,并且实验和仿真得到的最优频响曲线之间的匹配程度也要远好于前面的单一电路情况下的结果,其原因跟 6.2.3 节给出的原因也是一样的。两种情况下所确定出的最优 R – L – C 值非常接近,在实验情形中 $R = 2.5$kΩ、$L = 13$H、$C = 1C_p$,而在仿真分析中则为 $R = 2.25$kΩ、$L = 12.1$H、$C = 1.06C_p$。

类似地,图 6.16 中也针对相同的 R – L – C 参数值($R = 2.5$kΩ、$L = 13$H、$C = 1C_p$)给出了实验和仿真得到的频响 $r_{yAF_{ext}}^{host+TMD}(\omega)$,不难发现理论和实验之间吻合得也是相当好的。

126

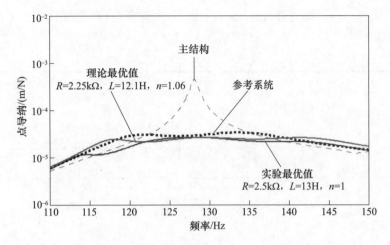

图 6.15　双重电路构型(并联 C,串联 R − L)情况下的频响函数对比(见彩图)
(实验和理论得到的最优频响以及参考系统的最优响应)

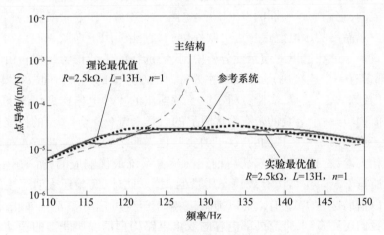

图 6.16　相同参数情况下的理论和实验结果对比(见彩图)

6.2.5　实验最优结果的总结

在表 6.2 中,我们将实验观测到的 4 种电路构型情况下的性能进行了对比,此处的性能指标采用的是"衰减量",其定义为 $|r_{y_A F_{ext}}^{host}(\omega)|$ 的最大峰值与 $|r_{y_A F_{ext}}^{host+TMD}(\omega)|$ 的最大峰值之比(在感兴趣的频率范围内)。不难看出,这里的衰减量至少是 10,这是相当显著的,因为这里的 TMD 的有效质量还不到主结构有效质量的 2%(对于所需抑制的振动模式)。在实验测试中,可以观察到双重电路构型(带有外部电容器)所产生的衰减量(约为 15)要显著高于单一电路构型

127

(无外部电容器)带来的衰减量(约为 10),不过前者会付出双倍成本、重量以及空间需求等代价。

表 6.2 4 种情况下的振动衰减量比较

电路类型	R-L 构型	获得的衰减(振动衰减因子)
双重电路	并联	15.3
	串联	15.15
单一电路	并联	10.1
	串联	10

6.3 本 章 小 结

在第 5 章中已经介绍了双功能能量收集/TMD 装置或机电式 TMD 这一概念,本章主要是对其进行了实验层面的验证。所考察的原型是由两根对称的双晶梁组成的,它们通过不同的 R-L-C 电路来实现分流。这一装置的最优抑振效应是由双晶梁的压电能量收集机制提供的,它能够用于抑制一般结构的特定振动模式。不过在这里的演示性分析中,我们选择的主结构为一根自由-自由梁(中部带有一个连接块),而 TMD 主要针对的是该梁的一阶横向振动模式。

我们针对这一装置,实验分析了第 5 章给出的 4 种电路构型情况下所表现出的性能,并与一个等效的带有最优阻尼的力学系统(参考系统)的性能做了对比讨论。正如第 5 章所预测的,这里的实验也表明了通过正确调节 4 种电路构型中的相关参数,我们是能够获得前述的参考系统最优响应的,所采用的 TMD 的有效质量不超过主结构有效模态质量的 2% 。此外,实验还表明了主结构的振动可以借助这一 TMD 有效加以抑制,衰减量至少可达 10。不仅如此,根据实验结果我们还注意到,带有外部电容的双重电路构型情况所获得的振动衰减量要明显高于不带外部电容的单一电路构型情况,不过前者会导致双倍的成本、重量和空间需求。总而言之,本章给出的实验结果相当好地验证了第 5 章给出的理论分析。

参考文献

1. Ewins, D. J. (2000). *Modal testing: Theory, practice, and application* 2nd ed. 2000: Baldock: Research Studies Press.
2. Riordan, R. H. S. (1967). Simulated inductors using differential amplifiers. *Electronics Letters*, *3*, 50–51.

3. Edberg, D. L., Bicos, A. S., Fuller, C. M., Tracy, J. J., & Fechter, J. S. (1992). *Theoretical and Experimental Studies of a Truss Incorporating Active Member. Intelligent Material Systems and Structures, 3*(333).
4. Rafique, S., Bonello, P., & Shuttleworth, R. (2013). Experimental validation of a novel smart electromechanical tuned mass damper beam device. *Journal of Sound and Vibration, 332*(20), 4912–4926.
5. Rafique, S., Bonello, P. (2010). *Experimental validation of a distributed parameter piezoelectric bimorph cantilever energy harvester. Smart Materials and Structures, 19*(9).

第 7 章　基于双功能能量收集梁/TVA 的电子箱的振动抑制

7.1　能量收集/TVA 理论的应用

在前几章讨论了力学和电学式的 TVA 的工作原理及其各自的不足之后,这里我们将给出一个机电式 TVA 模型[1]。如果假定图 5.1(b)所示的力学 TVA 中的阻尼元件可以替换成电学阻尼元件(基于能量收集效应),那么这个 TVA 就可以称为"机电式"TVA[2,3]。需要注意的是,跟力学 TVA 不同的地方在于,机电式 TVA 中的阻尼水平是可以通过调整连接到能量收集电路上的电负载来方便地调节的[1]。本章中我们将给出一个这样的双功能能量收集/TVA 梁装置实例,简要给出其数学模型并进行分析,具体而言,是将一个合适的分流压电梁作为 TVA 来抑制一个电子箱的振动,如图 7.1 所示[1]。通过这个实例,可以展示出力学和电学 TVA 的优点是如何恰当地综合到一个机电式 TVA 中的。

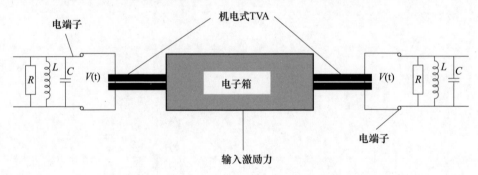

图 7.1　双功能的机电式 TVA/能量收集装置的工作原理示意图[1]

7.2　分　析　方　法

此处的研究目的在于抑制一个电子箱在其共振频率处的频响函数,电子箱受到的外部激励为 F_{ext},频率为 ω。对于带有 TVA 和不带 TVA 的情况,电子箱的频响函数表达式可以根据文献[2,3]给出的理论加以确定。此外,为了获得最优黏性阻尼(假想的)以作为机电式 TVA 的性能参考[1,5],还需要对 Den Hartog 的经典理论[4]进行修改。

正如前面曾经指出的,为了设计一个 TVA 来抑制任意结构的振动,所需的唯一信息就是结构的目标频率和模态质量(对于所关心的自由度)[1]。对于此处的电子箱来说,目标共振频率和模态质量可以利用结构分析软件中的标准模态分析模块来进行计算。在借助结构分析软件确定了主结构的目标频率与模态质量之后,我们就可以根据第 5 章和第 6 章给出的技术过程(即基于经典力学理论)确定出悬臂压电梁或机电式 TVA 的有效质量了。此处所选择的参数跟前文中(表 5.1 和表 5.2)是很类似的,如表 7.1 和表 7.2 所列。

表 7.1　电子箱组件的模态参数

$\Omega_1/(2\pi)/(\text{Hz})$	0	$M_A^{(1)} = 1/\{\widehat{\varphi}_A^{(1)}\}^2/g$	276
$\Omega_2/(2\pi)/(\text{Hz})$	127.65	$M_A^{(2)} = 1/\{\widehat{\varphi}_A^{(1)}\}^2/g$	470

表 7.2　机电式 TVA 中的梁参数[1]

特性参数	单位	值
压电材料的杨氏模量,Y_p	GPa	66
中间层的杨氏模量,Y_{sh}	GPa	72
压电材料的密度	kg/m³	7800
中间层材料的密度	kg/m³	2700
压电常数,d_{31}	pm/v	-190
相对介电常数(常应力条件)		1800
梁的悬伸长度,l	mm	58.75
梁的宽度,b	mm	25
上下压电层的厚度,h_p	mm	0.267
中间层的厚度,h_{sh}	mm	0.285

7.3　结果与分析

对于此处这个机电式 TVA,计算得到的有效质量比为 $\mu = 1.9\%$,远小于经典的力学 TVA(一般为 $10 \sim 20\%$),这也展现出了所给出的 TVA 的紧凑性。利用式(5.3)计算出的最优阻尼比为 $\xi_{a_{opt}} = 8.2\%$。图 7.2 给出了一组不同的曲线,从中可以看出所提出的机电式 TVA 的有效性,其中的黑色粗实线代表的是等效集中参数 TVA(最优参数下)的导纳,而细实线代表了带有机电式 TVA 的电子箱的导纳。

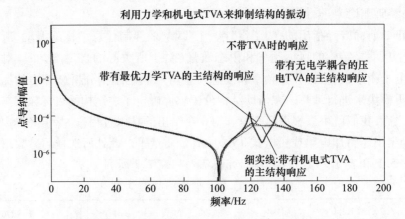

图 7.2　电子箱连接点处的频响函数(有无力学 TVA 和有无机电式 TVA)[1](见彩图)

从图 7.2 不难看出,作为参考的力学 TVA 的结果(粗黑点线)跟机电式 TVA 的结果(细红实线)吻合得相当好,从而验证了所提出的机电式吸振器的相关理论分析[1]。在该图中,黑色实线对应的是不带 TVA 的电子箱的导纳,可以发现电子箱的响应在安装了 TVA 之后有了显著的衰减[1]。值得指出的是,所给出的 TVA 具有非常小的质量比 μ ,它不超过 2% ,因而是非常小而灵活的。

在这个系统中固有的黏性阻尼为 1% ,而机电式 TVA 调节所需的最优阻尼(根据式(5.3)计算得到)为 $\xi_{a_{opt}} = 8.2\%$,这就意味着剩余的 7.2% 的阻尼需要由能量收集效应(即,借助合适的电路参数如电阻、电感和电容来将振动能转换成电能)来提供。能量收集效应提供的阻尼可以视为一种电学阻尼,相对传统的黏性阻尼而言要更加容易控制。图 7.2 中的蓝色粗实线反映的是无电学阻尼效应的机电式 TVA 的响应[1]。在恰当选择了电路元件(电阻、电容和电感)参数值之后,根据第 5 章给出的分析,目标模式处的系统响应得到了非常好的抑制,并且与经典的力学 TVA 的结果吻合得非常好。由此也就表明了在附加电路中,采用合理的电阻、电感和电容参数值来准确调节机电式 TVA(图 7.1)是非常重要的[1]。

如同第 5 章和文献[2]中所给出的,可以有不同的 R-L-C 电路配置来调节机电式 TVA,使之产生所需的阻尼水平。不过,对于此处的实例来说,我们在压电梁的两侧采用的是对称形式的并联 R-L-C 构型(图 7.1)。借助 Matlab 优化程序(见本书附录 A),我们计算得到了附加 R-L-C 元件的最优参数,其中的电阻值为 44.8kΩ,电感值为 13.5H,而外部电容值为 76nF,此时可以产生机电式 TVA 调节所需的最优阻尼,进而能够较好地抑制电子箱的模态响应。

值得提及的一点是,上面得到的 R－L－C 最优值并不是唯一的,而是可变的[1]。当 R－L－C 参数组合中的任何值发生改变时,借助附录 A 中给出的 MATLAB 优化程序都可以生成完整的一组 R－L－C 参数值组合。图 7.2 给出的结果清晰地验证了这个机电式 TVA 是完全能够抑制目标模式的响应的,非常类似于经典 TVA 的参考响应(参见图中的黑色点线)。除了能够实现最优振动抑制以外,所给出的机电式 TVA 还可以生成有用的电能,经过调理之后可以借助合适的电路或储存装置来储存[1]。不过,这一问题涉及了非线性分析方面的内容,本书不再加以讨论。

7.4　本 章 小 结

本章主要给出了一个分析实例,用于验证第 5 章推导建立的双功能能量收集器/可调吸振器(或机电式 TVA)的理论模型,该模型可以在抑制目标模式振动的同时还能够收集振动的能量。这一双功能的机电式 TVA 非常紧凑灵活且具有优良的性能,能够在一定激励频率范围内显著抑制电子箱的振动响应,而且该系统对于输入的激励来说还表现得相当稳定。

本章给出的这个双功能能量收集器/TVA 装置包含了两根对称梁,它们借助外部电路进行了合理的分流,从而能够抑制主结构的主要振动模式。TVA 调节所需的最优阻尼是由压电能量收集效应(通过在 R－L－C 电路中选择最优的电阻、电容和电感元件参数)提供的。值得特别关注的是,所给出的机电式 TVA 同时具备了经典的力学 TVA 和电学 TVA(即,将分流压电片直接粘贴到主结构上)的优点,摒弃了各自的不足。

所提出的这种紧凑而灵活的机电式 TVA 在各类工业领域和国防建设中有着广泛的应用价值。事实上,这种 TVA 还具有另一个优点,尽管它们生成的电能是非常小的(在毫瓦到微瓦范围内),但是仍然能够为各种现代低功耗电子设备提供电力支持,例如,很多无线电子网络节点的能耗就是毫瓦到微瓦级的。

参考文献

1. Rafique, S., & Shah, S. (2014). Vibration suppression of electronic box by a dual function piezoelectric energy harvester-tuned vibration absorber. *Mehran University Research Journal of Engineering & Technology, 33*(2).
2. Bonello, P., Rafique S., & Shuttleworth, R. (2012). A theoretical study of a smart electromechanical tuned mass damper beam device. *Smart Materials and Structures, 21*(12).

3. Rafique, S., Bonello, P., & Shuttleworth, R. (2013). Experimental validation of a novel smart electromechanical tuned mass damper beam device. *Journal of Sound and Vibration, 332*(20), 4912–4926.
4. Hartog, D. (1956). *Mechanical vibrations*. New York: Mc-Graw Hill.
5. Rafique, S. (2012). *Piezoelectric vibration energy harvesting and its application to vibration control* (p. 241). School of Mechanical, Aerospace and Civil Engineering, University of Manchester, Manchester.

第8章 总结与展望

8.1 总　　结

本书所阐述的这些研究工作主要致力于深入揭示压电能量收集系统的机电耦合行为以及它们在振动控制方面的潜在应用价值。所得到的诸多分析结果进一步完善了压电能量收集系统的建模工作,同时也有益于此类系统在振动控制方面的应用设计与分析。这里我们对本书给出的一些主要结论做一总结,读者可以据此在对应的章节中找到更为详尽的阐述。

(1)本书的第一部分将现有封闭形式的分布参数式 AMAM 作为理论基础,对压电振动能量收集系统进行了详尽的理论分析和实验研究。研究结果表明,对于受到基础激励的压电振动能量收集悬臂梁来说,能够产生最大共振功率输出的负载要远高于导致自由端出现最小响应的负载。进一步,我们还给出了理论和实验得到的结果图像,揭示了共振频率、共振电压幅值、共振功率以及共振变形幅值等随电负载的变化情况。借助这些图像,我们可以获得能量收集装置中机电相互作用方面的更为深入的认识。此外,这一部分还给出了频响函数的奈奎斯特图,从而比频响函数幅值图更加透彻地验证了理论分析,事实上随着电负载的变化,奈奎斯特圆的圆心会表现出更为显著的偏移。

(2)本书第二章提出了一种针对压电梁的基于动刚度矩阵方法的数学建模技术。这一技术是建立在波动方程的精确解基础上的,因而不再需要进行 AMAM 中所需的模态变换。不仅如此,对于均匀截面梁的组合体来说,动刚度矩阵方法也要比有限元方法需要的单元数量更少[3],因而在高频问题中能够获得更准确的解。与 AMAM 不同的是,动刚度矩阵方法更容易应用于不同边界条件下的梁的建模或者不同截面梁的组合体的建模。

(3)通过解析研究指出,如果在 AMAM 分析中采用足够多的模式,那么其能够收敛到动刚度矩阵方法的结果。

(4)在前两个部分的内容中,我们还对压电振动能量收集梁分析中的阻尼及其相关假设做了透彻的研究。指出了奈奎斯特图在压电振动能量收集装置的力学模态阻尼识别上是非常有用的,并阐明了如果希望压电振动能量收集梁的性能能够在高阶模式处也得到准确的量化,那么就必须考虑环境阻尼的存在性。

(5) 利用动刚度方法对受基础激励的压电振动能量收集悬臂梁进行了解析研究,指出可以通过施加自由端的转动约束和采用分段电极等手段来显著提高输出功率。

(6) 通过基于动刚度方法的解析研究,揭示了可调能量收集梁对其基础处的振动抑制效应(针对不同电负载)。根据相关的研究结果,我们建议采用可变电容分流的压电梁来实现双功能能量收集器/振动平衡器。这里的振动平衡器是一种可调吸振器,主要用于抑制特定激励频率处的简谐振动。

(7) 最后本书将上述概念拓展到另一类型的可调吸振器,即可调谐质量阻尼器(TMD),主要用来在较宽的激励频率范围内实现一般主结构特定振动模式的抑制。我们给出了深入的理论和实验分析,验证了双功能能量收集/TMD 梁或机电式 TMD 这一概念。这一装置包括了一对双晶梁,它们由电阻 – 电容 – 电感电路进行分流。这种 TMD 所需的最优阻尼可以由双晶梁的压电振动能量收集效应来提供。分析结果证实了,通过合理调节电路,所提出的这一装置能够实现理想的振动抑制效果,振动衰减量可达到 10 以上,而其有效质量不超过主结构等效模态质量的 2% 。跟传统的 TMD 相比,此处的能量收集效应为控制或调节 TMD 的阻尼提供了一条非常方便的途径。总之,这一双功能能量收集/TMD 梁装置将经典(力学)TMD 和电学 TMD 的优点组合了起来,从而为功能更易调节的机电式可调吸振器研究提供了良好的参考和借鉴。

8.2 研 究 展 望

本书给出的研究工作进一步促进了压电振动能量收集系统的建模及其在振动控制中的应用等方面的研究,在此基础上我们还可以从如下几个方面开展下一步的工作:

(1) 值得注意的一点是,本书中的研究均假定了线性电负载,因此难以分析那些能量存储所需的 AC – DC 整流中涉及的非线性元件。于是,为了把能量储存装置包括进来,在本书建模工作的基础上还需要进一步拓展,这将包括很多的工作内容。

(2) 在本书的研究工作基础上,还需要进一步去分析和设计更加有效的能量收集和管理电路,从而将压电层产生的电能更好地传递到能量储存装置或电负载上。当然,在设计中还可以考虑将此类电子设备直接植入到能量收集装置的内部。

(3) 对于所提出的能量收集/TMD 梁装置,我们还可以研究如何提升其适应性,以应对主结构模态参数可能的变化(源于环境或工况的变化),这些变化可能导致该装置的解调,进而使之处于非最优性能状态。我们可以探索一种自给系统,它可以自动调整电路参数(R - L - C)。一般来说,采用合理设计的微控制器是能够对能量收集/TVA 梁进行重新调节的(通过改变其有效质量或刚度,如图2.6 那样)。

(4)对于第 5 章和第 6 章给出的两种能量收集/TMD 梁装置以及第 4 章给出的能量收集/振动平衡梁装置,我们还可以考虑将能量储存装置包括进来,从而做进一步的研究。这将涉及非线性分析方面的内容,它是由电路中需要引入的 AC - DC 整流元件所导致的。

(5)针对双晶梁的理论分析已经表明,对于给定的工作频率来说,可以通过施加自由端转动约束或者采用分段电极以及改变自由端质量等手段来显著提升生成的输出功率。在这一方面,我们还需要做进一步深入的理论和实验研究。

参考文献

1. Erturk, A., & Inman, D. J. (2008). Distributed parameter electromechanical model for cantilevered piezoelectric energy harvesters. *Journal of Vibration and Acoustics, 130*(4), 041002–041002.
2. Erturk, A., & Inman, D. J. (2009). An experimentally validated bimorph cantilever model for piezoelectric energy harvesting from base excitations. *Smart Materials and Structures, 18*(2), 025009–025009.
3. Bonello, P., & Brennan, J. (2001). Modelling the dynamic behaviour of a supercritical rotor on a flexible foundation using the mechanical impedance technique. *Journal of Sound and Vibration, 239*(3), 66–445.

附录 A   MATLAB 程序代码

MATLAB 代码——分布参数式压电振动能量收集梁的电压、电流和功率频响函数(第 3 章)

```
% 与第 3 章所给出的模型相对应的程序代码
% 基于分布参数模型的压电振动能量收集系统
L = 60e - 3;% 压电梁悬伸部分的长度
b = 25e - 3;% 压电梁的宽度
hs = 0. 3e - 3;% 中间层的厚度
hp = 0. 267e - 3;% 压电层的厚度
Ys = 7. 2e10;sm = 1/Ys;% 中间层材料的杨氏模量和顺度
Yp = 6. 2e10;s11 = 1/Yp;% 压电介质的杨氏模量和顺度
rho_s = 2700;% 中间层的密度
rho_p = 7800;% 压电层的密度
d31 = - 190e - 12;% - 190e - 12, Piezoconstant;
zeta = 0. 008;阻尼比
yc = (hp + hs)/2;% 中性轴的位置
w = 0:0. 5:2000;% 激励频率范围(弧度)
w_hz = w. /2/pi;% 激励频率(赫兹)
mass_beampiezo = 2 * rho_p * L * b * hp;mass_beamshim = rho_s * L * b * hs;
mass_beam = mass_beampiezo + mass_beamshim;% 能量收集梁的总质量
mass_dist = mass_beam/L;% 单位长度的质量
permit_cons_elect = 8. 854187817e - 12 * 3800;% 真空中的介电常数
perm_cons_strain = (permit_cons_elect - d31 ^ 2 * Yp);% 常数应变条件下的介电常数
R = 1000e3;% 电阻值(欧姆)
% 固支 - 自由边界梁的一阶模式的力学模态常数,% 式(3.8),(3.9)
Lamda = 1. 87510407;% 悬臂梁的标准值
Sigma = 0. 734095514;% % 悬臂梁的标准值
phi_r = (((cosh(Lamda) - cos(Lamda)) - Sigma * (sinh(Lamda) - sin(Lamda)))/sqrt
(mass_beam);% 式(3.8)的一部分,括号内的项
trans_constant_1 = 2 * Sigma/Lamda;% % % 伽马变换
```

138

```
trans_constant_2 = sqrt( L/mass_dist) ;
trans_constant = trans_constant_1 * trans_constant_2 ;
phi_deriv1 = ( sinh( Lamda) + sin( Lamda) ) - Sigma * ( cosh( Lamda) - cos( Lamda) ) ;
phi_derivative = Lamda * phi_deriv1/( sqrt( mass_beam) * L) ;
% 力学域中的机电常数 %
YI = b * ( s11 * hs ^ 3 + 6 * sm * hp * hs ^ 2 + 12 * sm * hs * hp ^ 2 + 8 * sm * hp ^ 3) /( 12 * sm * s11) ;%
式( 3.3) 的等效形式
elect_const = - ( Yp * d31 * b * ( hp + hs) ) /( 2) ;% 式( 3.16)
Xr = elect_const * phi_derivative;% 式( 3.18)
% 计算压电振动能量收集装置的固有频率
w_r = Lamda ^ 2 * sqrt( YI/( mass_beam * L ^ 3) ) ;% 等效于式( 3.11)
w_r_Hz = w_r/2/pi;% 固有频率( Hz)
% 电压常数,V,Xr,力学域中的机电常数
% 压电梁的电容
Cp = perm_cons_strain * b * L/( hp) ;% 式( 3.24) ,串联
modal_const = - d31 * Yp * yc * b * phi_derivative;% % 单一模式表达中电压频响函数,逐项计
算,式( 3.31)
Volt_denom1 = ( w_r ^ 2 - w. ^ 2) + ( j * 2 * w. * w_r * zeta) ;
Volt_nume = j * 2 * w. * R * mass_dist * trans_constant * modal_const;
Volt_denom11 = ( j * 2 * w. * R * Xr * modal_const) ;
Volt_denom22 = ( 2 + j * w. * R * Cp) ;
Volt_denom33 = Volt_denom1. * Volt_denom22 ;
Volt_denom44 = Volt_denom22. * Volt_denom1 ;
Volt_denom_final = ( Volt_denom44 + Volt_denom11) ;% % 根据式( 3.31) ,电压频响函数
VOLTAGE_FRF = ( Volt_nume. /Volt_denom_final) ;
VOLTAGE_FRF_abs = abs( VOLTAGE_FRF) ;
plot( w_hz,VOLTAGE_FRF_abs,'k')% 半对数( w_hz,VOLTAGE_FRF,'r')% 半对数坐标"y"轴
title( 'R = …ohm,Voltage')
xlabel( 'Frequency,Hz')
ylabel( 'Volt')
% axis( [ 0 200 0 2] )% 根据需要制定轴的范围
figure;
% 计算压电振动能量收集系统的电流( mA) 频响函数%
Current_FRF = VOLTAGE_FRF. /R * 1e3 ;
title = ( 'CURRENT FRFs')
xlabel( 'Frequency Hz')
ylabel( 'Current')
```

```matlab
semilogy(w_hz,Current_FRF)
figure;
% 计算压电振动能量收集系统的功率频响函数(根据加速度 g 进行归一化)
Power = (VOLTAGE_FRF.^2./R)*1000;% 毫瓦
plot(w_hz,Power,'-')
title('Power')
xlabel('Frequency,Hz')
ylabel('miliwatt')
```
% 需要特别注意的是,这个程序仅对基于第 3 章相关方程的分析是正确的。当压电材料、输入频率、共振频率、连接的电阻值、阻尼值以及其他压电常数不同时,程序也会有所不同。


```matlab
% 第 3 章,程序 2:奈奎斯特图示例——无耦合
clear all;
w = 1:1:500*2*pi;% 定义频率范围
wr = 121.1*2*pi;% 固有频率
zeta = 0.01;% 阻尼
L = 60e-3;% 双晶梁的悬伸部分长度
b = 25e-3;% 双晶梁的宽度
hs = 0.3e-3;% 中间层的厚度
hp = 0.267e-3;% 压电层的厚度
Ys = 7.2e10;sm = 1/Ys;% 中间层和压电层材料的杨氏模量
Yp = 6.2e10;s11 = 1/Yp;% 顺度
rho_s = 2700;% 中间层材料的密度
rho_p = 7800;% 压电层材料的密度
d31 = -320e-12;% 机电耦合系统
yc = (hp+hs)/2;% 中性轴
w_hz = w./2/pi;% 激励频率(Hz)
mass_beampiezo = 2*rho_p*L*b*hp;
mass_beamshim = rho_s*L*b*hs;% 压电层和中间层质量的计算
mass_beam = mass_beampiezo + mass_beamshim;% 总质量
mass_dist = mass_beam/L;% 单位长度上的质量
permit_cons_elect = 8.854187817e-12*3800;
perm_cons_strain = (permit_cons_elect-d31^2*Yp);% 根据理论
R = 1e3;% 1k 欧姆电阻
%%%%%%%%%%%%%%%%%%%%%%%%%%%%%%%%%%%%%%%%
Lamda = 1.87510407;% 悬臂梁的标准值
Sigma = 0.734095514;% 悬臂梁的标准值
```

```
phi_r = ( ( cosh( Lamda) − cos( Lamda) ) − Sigma * ( sinh( Lamda) − sin( Lamda) ) )/sqrt
```
(mass_beam)% 模态形状的计算
```
trans_constant_1 = 2 * Sigma/Lamda;% % % 伽马变换
trans_constant_2 = sqrt( L/mass_dist) ;
trans_constant = trans_constant_1 * trans_constant_2 ;
phi_deriv1 = ( sinh( Lamda) + sin( Lamda) ) − Sigma * ( cosh( Lamda) − cos( Lamda) ) ;
phi_derivative = Lamda * phi_deriv1/( sqrt( mass_beam) * L) ;
```
% % % % % % % % % % % 力学域中的机电常数% % % % % % % % % % % % % % % % % % % %
% % % % % % % % % % % % %
```
YI = b * ( s11 * hs ^ 3 + 6 * sm * hp * hs ^ 2 + 12 * sm * hs * hp ^ 2 + 8 * sm * hp ^ 3)/( 12 * sm * s11) ;%
```
刚度计算
```
elect_const = − ( Yp * d31 * b * ( hp + hs) )/( 2) ;
Xr = elect_const * phi_derivative;% 根据理论
```
% 固有频率的计算
```
w_r = Lamda ^ 2 * sqrt( YI/( mass_beam * L ^ 3) ) ;
w_r_Hz = w_r/2/pi
Cp = perm_cons_strain * b * L/( hp) ;% 串联连接
modal_const = − d31 * Yp * yc * b * phi_derivative;
c1 = w * mass_dist * R * modal_const * trans_constant;
denom1 = ( w_r ^ 2 − w. ^ 2). ^ 2 + ( 2 * w. * w_r * zeta). ^ 2 ;
```
% % 奈奎斯特图,频响函数的实部和虚部
```
Re_nume = ( 2 * w. * w_r * zeta). * w;
Im_nume = w. * ( w_r ^ 2 − w. ^ 2) ;
Re = ( Re_nume. /denom1) * 9. 81 ;
Im = ( Im_nume. /denom1) * 9. 81 ;
plot( Re, Im)
```

能量收集器/可调吸振器的 MATLAB 代码(第5~6 章)

　　根据第5 章给出的相关关系式,确定主结构和 TVA 的共振和其他调节参数。主结构是一根自由 – 自由梁,TVA 是一根固支 – 自由梁,因此应仔细认真地选择模态方程。

% 参见式(5. 1) ~式(5. 10)
```
clear all;clc;
rho = 2720;% 主结构梁的密度( 自由 – 自由边界下的铝制梁)
Ys = 6. 7e10;% 主结构梁的杨氏模量
l = 361. 5e – 3;% 主结构梁的长度
b = 51e – 3;% 宽度
h = 3. 5e – 3;% 主结构梁的厚度
```

```
I = b * h ^ 3/12;% 主结构梁的惯性矩
mhost = rho * b * h * l;% 主结构梁的质量
mhostunit = rho * b * h;% 单位长度主结构梁的质量
wa = 121. 1 * 2 * pi;% 压电吸振器的固有频率
% % % % % % % % % % % % % % % % % % % % % % % % % % % % % % % % % % % % %
clamp_mass = 2 * 50 * 45 * 3. 5e - 9 * 2700;% 位于主结构梁中点的夹具质量
screws = 12e - 3;% 用来夹紧压电梁的螺丝质量
% 根据理论分析可知,压电梁悬伸部分质量的 40% 是冗余质量
% 计算 4 个压电层和 2 个中间层的质量
% 60% 的悬伸部分质量是有效的
% 悬伸部分和夹紧部分质量的 40% 是冗余的
% 夹具质量和螺丝质量是冗余的,只是简单附加到主结构上
tva_reduntant1 = 0. 4 * ( 4 * . 267e - 3 * 60e - 3 * 25e
 - 3 * 7800 + 2 * 0. 3e - 3 * 25e - 3 * 60e - 3 * 2700);
%  tva_redundant1 代表的是悬伸压电梁部分的质量
tva_reduntant2 = ( 4 * . 267e - 3 * 12. 2e - 3 * 25e - 3 * 7800 + 2 * 0. 3e - 3 * 25e - 3 * 12. 2e - 3 *
2700);
%  tva_redundant2 代表了压电梁被夹紧部分的质量
tva_total_redun = tva_reduntant1 + tva_reduntant2 + clamp_mass + screws
% % % % % % % % % % % % % % % % % % % % % % % % % % % % % % % % % % % % %
tva_effect = 0. 6 * ( 4 * . 267e - 3 * 60e - 3 * 25e - 3 * 7800 + 2 * 0. 3e - 3 * 25e - 3 * 60e - 3 * 2700)
mtotal = rho * b * h * l + tva_total_redun;% 主结构的总质量(含冗余质量)
lambdar = 4. 73004;% 针对自由 - 自由梁的模态 1
w0 = ( lambdar. ^ 2) * sqrt( Ys * I/( mhostunit * l ^ 4));% 主结构的一阶共振频率
w0_hz_host = w0/2/pi;% 主结构的共振频率(Hz)
mu = tva_effect/mtotal;% 质量比,式(5. 2)
mhost_freq = ( 1 + mu) * wa/2/pi;% 式(5. 1)
%  w0 频率
wh = w0/( sqrt( 1 + tva_total_redun/mhost))
wh_hz = wh/2/pi
% % % % % % % % % % % % % % % % % % % % % % % % % % % % % %  % % % % % % % % % %
% % % % % % % % % % % % % % % % % %
```

这里给出的是与第 5 和第 6 章的机电式 TVA 对应的 MATLAB 程序代码,说明如下:

a. 程序包括了 1 个主文件(. m 文件),1 个 MATLAB 数据文件,以及 3 个用户定制的 MAT-LAB 函数文件。在执行主文件的过程中会加载相关的函数文件和数据文件,进而计算最优的 R - L - C 电路参数(使得 TVA 能够最佳地抑制主结构的目标模式)。下面将给出所有这 5 个文件的内容,建议读者认真阅读和理解第 5 章和第 6 章给出的理论分析,以便更好地利用

这些程序代码。

b. 程序在执行过程中会提示输入关于压电电路、R－L－C 布置(4 种电路构型)等方面的信息,用户需要根据所考察的系统情况来输入。

c. 为了简化优化过程,更好地理解模型,程序中使用了较短的矢量,其中只包括电阻(RR)和电容(nn)。

d. 所有 MATLAB 文件都位于同一个文件夹/目录。进行下面的仿真之前应当透彻理解第 5 章中给出的理论和优化过程。

可执行的主文件'. **m**' 文件:

```
clear;
% optfact = 0. 5;
optfact = 0. 1;
%%%%%%%%%%%%%%%%%%%%%%%%%%%%%%%%%%%%%%
filename = 'exp_free_free_beam_data_file';%%% 此文件应当包含 M0,w0,M0d,w0d,b,hp,hs,
l,mtva,mu,rhop,rhos,w0,wa,eps33_S,d31
%%%%%%%%%%%%%%%%%%%%%%%%%%%%%%%%%%%%%%
%%%%%%%%%%%%%%%%%%%%%%%%%%%%%%%%%%%%%%
piezo_ser_or_par = input('Are piezo layers of bimorph TVA connected in series (1) or parallel
(2)?');
%%%%%%%%%%%%%%%%%%%%%%%%%%%%%%%%%%%%%%
%%%%%%%%%%%%%%%%%%%%%%%%%%%%%%%%%%%%%%
interconnected = input('Are the two TVA cantilevers connected across the same circuit? yes (1),no
(2):');
%%%%%%%%%%%%%%%%%%%%%%%%%%%%%%%%%%%%%%
%%%%%%%%%%%%%%%%%%%%%%%%%%%%%%%%%%%%%%
seriesinductor = input('Is inductor in series (1) or in parallel (2) with resistor?');
%%%%%%%%%%%%%%%%%%%%%%%%%%%%%%%%%%%%%%
%%%%%%%%%%%%%%%%%%%%%%%%%%%%%%%%%%%%%%
zeta1 = input('input equivalent viscous damping ratio of bimorph beam at its tuned mode');
%%%%%%%%%%%%%%%%%%%%%%%%%%%%%%%%%%%%%%
if piezo_ser_or_par = = 1
aa = 2;ff = 1;
end;
if piezo_ser_or_par = = 2
aa = 1;ff = 2;
end;
if interconnected = = 1
```

```
ff = 2 * ff;
end;
lambdar1 = 1. 87510;
RR = 1 - 16 * (1. 87510/4. 73004) ^ 4;
fun1 = 'recTMD_eh_bimorph_parallelCvb_f_f_b_exp';
fun2 = 'rechostplusTMD_eh_bimorph_parallelCvb_for_optL_f_f_b_exp';
fun3 = 'rechostplusTMD_eh_bimorph_parallelCvb_for_optv2_f_f_b_exp';
Rvec = [ 1 1e2 1e3 1e4 2. 5e4 5e4 1e5 2e5 1e6 ];% 电阻值矢量
nnvec = [ 0 0. 5 1 2 3 5 10 ];% 电容值矢量
eval( [ 'run' filename ] );
maxonly = input( 'optimise electrical parameters based on greatest peak only? yes(1),no(2):');
nmodes = 300;% 所包含的模式个数
zeta1opt = sqrt(3 * mu/(8 * (1 + mu) ^ 3));% 最优阻尼,式(5. 3)
disp( [ 'resonance to be damped is' num2str( w0/(2 * pi ) )'Hz:' ] );
flimits = input ('Enter lower and upper frequencies for consideration ( in Hz ) ( [ lower up-
per ] ):');%  例如 [ 1,300 ] Hz
fvec = flimits( 1 ) :0. 1 :flimits( 2 );% 频率矢量( Hz )
wvec = 2 * pi * fvec;% 频率矢量(弧度)
Cfactuncoup = 0;% 解耦状态,取值为零
if seriesinductor = = 1
Lnoinductor = 0;
else
Lnoinductor = inf;
end;
daopt = feval( fun1,l,hp,hs,b,mtva,Yp,Ys,eps33_S,d31,0. 1,Cfactuncoup,
Lnoinductor,wvec,zeta1opt,nmodes,aa,ff,0,seriesinductor);
daopt_Rverysmall = feval( fun1,l,hp,hs,b,mtva,Yp,Ys,eps33_S,d31,0. 1,
Cfactuncoup,Lnoinductor,wvec,zeta1opt,nmodes,aa,ff,1,seriesinductor);% 最优吸振器的导纳
dhost = (1/M0). /( w0 ^ 2 - wvec. ^ 2);% 主结构自身的导纳
dhostwithclampnopiezo = (1/M0dorig). /( w0dorig ^ 2 - wvec. ^ 2);% 带夹具的主结构的导纳(不
含压电层)
dhostwithclamp = (1/M0d). /( w0d ^ 2 - wvec. ^ 2);
dhostwithclampTVAopt = dhostwithclamp. /( 1 + dhostwithclamp. /daopt);% 带夹具和 TVA 的主
机构的最优导纳
meff = RR * mtva;mred = (1 - RR) * mtva;% 式 5. 11( b - c)
ktva = meff * wa ^ 2;% 式 5. 11( a)
ctva = 2 * zeta1opt * meff * wa;
```

144

```
daopt_2dof = - meff * wvec. ^ 2 + ktva + j * wvec * ctva;% 图 5.3(b)所示的等效二自由度系统
daopt_2dof = daopt_2dof. /( - meff * ( ktva + j * wvec * ctva). * wvec. ^ 2 - mred * daopt_2dof. *
wvec. ^ 2);
dhostwithclampTVAopt_2dof = dhostwithclamp. /( 1 + dhostwithclamp. /daopt_2dof);
figure;
subplot(2,1,1), semilogy( fvec, abs( daopt), 'k - ');hold on;subplot(2,1,1), semilogy
( fvec, abs( daopt_2dof), 'k:');subplot(2,1,1), semilogy( fvec, abs( daopt_Rverysmall), 'r - ');
title([ 'Short circuit TMD point receptance with optimal damping: exact beam model' int2str
( nmodes)' clamped - free modes ( solid);2 - dof approx ( dotted)']);
subplot(2,1,2), semilogy( fvec, abs( dhost), ':');hold on;subplot(2,1,2), semilogy
( fvec, abs( dhostwithclampnopiezo), ' - .');subplot(2,1,2), semilogy( fvec, abs( dhostwith-
clampTVAopt), 'k - ');subplot(2,1,2), semilogy( fvec, abs( dhostwithclampTVAopt_2dof), '
k - ');
title( 'Point receptance of host: without TMD ( dotted);without TMD but with clamp ( dash - dot);
short - circuited optimal TMD, beam model ( solid);
short - circuited optimal TMD 2 - dof model ( dashed)');
xlabel( 'frequency ( Hz)');
ylabel( 'point receptance magnitude');
Cp = eps33_S * b * l/hp;% 压电层的电容
dauncoupled = feval( fun1,l,hp,hs,b,mtva,Yp,Ys,eps33_S,d31,0.1,Cfactuncoup,
Lnoinductor, wvec, zeta1 , nmodes, aa, ff, 0, seriesinductor);
dhostwithclampTVAuncoupled = dhostwithclamp. /( 1 + dhostwithclamp. /dauncoupled);
% 不带电路时主结构的导纳
ttt = find(( wvec > 0.75 * wa)&( wvec < 1.25 * wa));
wvecconsidered = wvec( ttt);
absdhostwithclampTVAoptred = abs( dhostwithclampTVAopt( ttt));
dhostwithclampred = dhostwithclamp( ttt);
for gg = 1:length( Rvec) % 电阻矢量
R = Rvec( gg);
figure;
subplot(2,1,1), semilogy( fvec, abs( dhost), ':');hold on;
subplot(2,1,1), semilogy( fvec, abs( dhostwithclampnopiezo), ' - .')
subplot(2,1,1), semilogy( fvec, abs( dhostwithclampTVAopt), 'k:', 'LineWidth', 1.5);
xlabel( 'frequency ( Hz)');
ylabel( 'point receptance magnitude');
col = 'brmkcgy';% 不同的颜色
for hh = 1:length( nnvec);% 针对电容矢量的循环
```

```
nn = nnvec( hh) ;
da = feval( fun1 ,l,hp,hs,b,mtva,Yp,Ys,eps33_S,d31 ,R,nn,Lnoinductor,wvec,ze -
ta1 ,nmodes,aa,ff,1 ,seriesinductor) ;
dhostwithclampTVA = dhostwithclamp. /( 1 + dhostwithclamp. /da) ;
subplot(2 ,1 ,1 ) ,semilogy( fvec,abs( dhostwithclampTVA) ,col( hh) ) ;
end;
subplot(2 ,1 ,1 ) ,semilogy( fvec,abs( dhostwithclampTVAuncoupled) ,'b - ','LineWidth',1. 5 ) ;
title( [ 'Resistance of' num2str( R) ' ohms,no inductor: thick solid line represents electrically un-
coupled cond. '] ) ;
axis( [ min( fvec) max( fvec) 0. 99 * min( abs( dhost) ) 1. 01 * max( abs( dhost) ) ] ) ;
subplot(2 ,1 ,2 ) ,semilogy( fvec,abs( dhost) ,':') ;hold on;
subplot(2 ,1 ,2 ) ,semilogy( fvec,abs( dhostwithclampnopiezo) ,' - . ')
subplot(2 ,1 ,2 ) ,semilogy( fvec,abs( dhostwithclampTVAopt) ,'k:','LineWidth',1. 5 ) ;
xlabel( 'frequency ( Hz) ') ;
ylabel( 'point receptance magnitude') ;
if maxonly = = 1
absdhostwithclampTVAoptred = max( absdhostwithclampTVAoptred) ;
end;
for hh = 1 :length( nnvec) ;% 针对电容
nn = nnvec( hh) ;
Lapprox = 1/( Cp * ( ff/aa + nn) * wa ^ 2) ;% 双晶梁,C 并联
% 初始时,电感近似值
inputtt = nn;
% "fgoalattain",优化工具箱的函数
L = fgoalattain ( fun2, Lapprox, optfact * absdhostwithclampTVAoptred ( :) , optfact * absdhostwith-
clampTVAoptred( :) ,[ ] ,[ ] ,[ ] ,[ ] ,0,Lapprox * 100,[ ] ,[ ] ,R,in - puttt,l,hp,hs,b,mtva,Yp,
Ys,eps33 _S,d31 ,wvecconsidered,zeta1 ,nmodes,aa,ff,dhostwithclampred,maxonly,seriesinduc-
tor) ;
da = feval( fun1 ,l,hp,hs,b,mtva,Yp,Ys,eps33_S,d31 ,R,nn,L,wvec,zeta1 ,nmodes,
aa,ff,1 ,seriesinductor) ;
dhostwithclampTVA = dhostwithclamp. /( 1 + dhostwithclamp. /da) ;
subplot(2 ,1 ,2 ) ,semilogy( fvec,abs( dhostwithclampTVA) ,col( hh) ) ;
Lmat( hh,gg) = L;
Lfactormat( hh,gg) = L/Lapprox;
dhostwithclampTVAmatwithL( hh,:,gg) = dhostwithclampTVA;
end;
subplot(2 ,1 ,2 ) ,semilogy( fvec,abs( dhostwithclampTVAuncoupled) ,'b - ','LineWidth',1. 5 ) ;
```

146

title(['Resistance of' num2str(R) ' ohms,with inductor: thick solid line represents electrically un-
coupled cond. ']);

axis([min(fvec) max(fvec) 0. 99 * min(abs(dhost)) 1. 01 * max(abs(dhost))]);

end;

Rvec

col(1:length(nnvec))

optimise = input('optimise for a chosen resistance R and inductance L? yes(1) ,no(2) :') ;

if optimise

ggsel = input('id number of chosen resistance') ;

hhsel = input('id number of chosen inductance') ;

Rsel = Rvec(ggsel)

nnsel = nnvec(hhsel)

Lsel = Lmat(hhsel,ggsel)

elecparas = fgoalattain(fun3, [0. 9 * Rsel;nnsel;Lsel] ,

optfact * absdhostwithclampTVAoptred(:) ,

optfact * absdhostwithclampTVAoptred(:) ,[ ] ,[ ] ,[ ] ,[ ] ,[0;0;0] ,[1e6;inf;Lsel] ,[ ] ,[ ] ,1,

hp,hs,b,mtva,Yp,Ys,eps33_S,d31,wvecconsidered,zeta1,nmodes,aa,ff,dhost – withclampred,

maxonly,seriesinductor) ;

Rselelopt = elecparas(1)

nnselelopt = elecparas(2)

Lselelopt = elecparas(3)

daselelopt = feval(fun1,l,hp,hs,b,mtva,Yp,Ys,eps33_S,d31,Rselelopt,nnselelopt,

Lselelopt,wvec,zeta1,nmodes,aa,ff,1,seriesinductor) ;

dhostwithclampTVAelopt = dhostwithclamp. /(1 + dhostwithclamp. /daselelopt) ;

figure;

semilogy(fvec,abs(dhostwithclampTVAelopt) ,'m –' ,'LineWidth' ,1. 5) ;

hold on;

semilogy(fvec,abs(dhost) ,':') ;

semilogy(fvec,abs(dhostwithclampnopiezo) ,' –. ')

semilogy(fvec,abs(dhostwithclampTVAopt) ,'k:' ,'LineWidth' ,1. 5) ;

end;

％％％％％％％％％％％％％％主程序文件到此结束％％％％％％％％％％％％％％％

数据文件:'**exp_free_free_beam_data_file**',针对自由 – 自由梁这一主结构

M0d = 0. 460 + 0. 003;％％％针对压电梁夹紧部分进行修正

w0d = 128. 1 * 2 * pi;

w0d = sqrt(0. 460 * w0d ^ 2/M0d) ;％％％ 针对压电梁夹紧部分进行修正

147

M0dorig = 0. 460;%% 不带夹紧部分

w0dorig = 128. 1 * 2 * pi;%%% 不带夹紧部分

mtva = 15e − 3;

mu = RR * mtva/((1 − RR) * mtva + M0d)

l = 58. 75e − 3;

M0 = 0. 146;

w0 = 135. 2 * 2 * pi;

eps33_S = 1. 1196e − 8;

d31 = − 320e − 12;

b = 25e − 3;

hp = 0. 267e − 3; hs = 0. 3e − 3;

Yp = 62e9; Ys = 72e9;

% rhop = 7800; rhos = 2700; mtva = 2 * (2 * rhop * b * hp + rhos * b * hs) * l;

lambdar = 1. 87510;

% m = (2 * rhop * b * hp + rhos * b * hs); mb = m * l;

mb = mtva/2; m = mb/l;

YI = b * ((Ys/12) * hs ^ 3 + (Yp/6) * hp ^ 3 + (Yp/2) * hp * (hp + hs) ^ 2);

wa = (lambdar ^ 2) * sqrt(YI/(m * l ^ 4));

sqrtterm = sqrt(1 + (1 − RR) * mtva/M0d);

% wa = 125. 6 * 2 * pi;

用户定制的相关函数文件

%fun1 = 'recTMD_eh_bimorph_parallelCvb_f_f_b_exp';

function Rec = recTMD_eh_bimorph_parallelCvb_f_f_b_exp(l, hp, hs, b, mtva,

Yp, Ys, eps33_S, d31, R, nn, L, wvec, zeta1, nmodes, aa, ff, coupling, seriesinductor)

lambdar = [1. 87510 4. 69409 7. 85476 10. 9955 14. 1372 (2 * (6:nmodes + 6) − 1) *

pi/2];

lambdar = lambdar(1:nmodes);

% m = (2 * rhop * b * hp + rhos * b * hs); mb = m * l;

mb = mtva/2; m = mb/l;

sigmar = [0. 7340955 1. 0184664 0. 9992245 1. 0000336 0. 9999986];

if nmodes > 5

sigmar = [sigmar ones(1, nmodes − 5)];

end;

dphidr_x_l = (sinh(lambdar(1:5)) − sigmar(1:5). * (cosh(lambdar(1:5))) +

sin(lambdar(1:5)) − sigmar(1:5). * (− cos(lambdar(1:5)))). * lambdar(1:

148

```
5)/(l*sqrt(mb));
if nmodes >5
dphidr_x_l = [dphidr_x_l 2*lambdar(6:nmodes). *(sin(lambdar(6:nmodes)))./
(l*sqrt(mb))];
end;
gammar_w = 2*l*sigmar. /(sqrt(mb) *lambdar);
hpc = (hs + hp)/2;
Phir = -dphidr_x_l*d31*Yp*hpc*hp*aa/(eps33_S*l);
YI = b*((Ys/12)*hs^3 + (Yp/6)*hp^3 + (Yp/2)*hp*(hp + hs)^2);
wr = (lambdar.^2)*sqrt(YI/(m*l^4));
wrsqr = wr.^2;
csI = zeta1*2*YI/wr(1);
zetar = csI*wr/(2*YI);
Cp = eps33_S*b*l/hp;
ttheta = -(hp^2 + hp*hs)*d31*Yp*b/(aa*hp);
if coupling
ksir = ttheta*dphidr_x_l;
else
ksir = zeros(length(wr),1);
end;
wsqrvec = wvec.^2;
wrsqr = wrsqr(:);
wr = wr(:);
zetar = zetar(:);
Phir = Phir(:).';
gammar_w = gammar_w(:);
ksir = ksir(:);
phirddd_0 = -2*sigmar. *((lambdar/l).^3)/sqrt(mb);
phirddd_0 = phirddd_0(:);
zetarwr = zetar. *wr;
Reccmat = wrsqr(:,ones(1,length(wvec))) - wsqrvec(ones(1,length(wr)),:)
 + j*2*zetarwr(:,ones(1,length(wvec))). *wvec(ones(1,length(wr)),:);
Reccmat = 1. /Reccmat;
S1 = Phir*(gammar_w(:,ones(1,length(wvec))). *Reccmat);
```

149

```matlab
S2 = Phir' * (ksir(:,ones(1,length(wvec)))).'.* Reccmat);
if seriesinductor == 1
T1 = ( - wsqrvec * L + j * wvec * R) * ff/aa;
T2 = 1/Cp - wsqrvec * L * (nn + ff/aa) + j * wvec * R * (nn + ff/aa);
else
T1 = - wsqrvec * ff/aa;
T2 = 1/( L * Cp) - wsqrvec * (nn + ff/aa) + j * wvec * 1/( R * Cp);
end;
U1 = T1. * S1. /( T2 + T1. * S2);
gammar_w_mod = gammar_w(:,ones(1,length(wvec))) - ksir(:,ones(1,length
(wvec))). * U1(ones(1,length(wr)),:);
S3 = 2 * YI * m * wsqrvec. * sum( gammar_w_mod. * ( phirddd_0(:,ones(1,length
(wvec))). * Reccmat),1);
S3 = S3. * ( 1 + j * wvec * csI/YI);% % % % % % %
Rec = 1. /S3;
```

fun2 = 'rechostplusTMD_eh_bimorph_parallelCvb_for_optL_f_f_b_exp';

```matlab
function absRec = rechostplusTMD_eh_bimorph_parallelCvb_for_optL_f_f_b_
exp( L, R, nn, l, hp, hs, b, mtva, Yp, Ys, eps33_S, d31, wvec, zeta1, nmodes, aa, ff,
dhostred, maxonly, seriesin ductor)
lambdar = [ 1. 87510 4. 69409 7. 85476 10. 9955 14. 1372 ( 2 * ( 6:nmodes +6) -1) *
pi/2];
lambdar = lambdar(1:nmodes);
% m = ( 2 * rhop * b * hp + rhos * b * hs);mb = m * l;
mb = mtva/2; m = mb/l;
sigmar = [ 0. 7340955 1. 0184664 0. 9992245 1. 0000336 0. 9999986];
if nmodes >5
sigmar = [ sigmar ones(1,nmodes -5)];
end;
dphidr_x_l = ( sinh( lambdar( 1:5)) - sigmar(1:5). * ( cosh( lambdar( 1:5))) +
sin( lambdar( 1:5)) - sigmar( 1:5). * ( - cos( lambdar( 1:5)))). * lambdar( 1:
5)/(l * sqrt( mb));
if nmodes >5
dphidr_x_l = [ dphidr_x_l 2 * lambdar(6:nmodes). * ( sin( lambdar(6:nmodes)))./
(l * sqrt( mb))];
```

```matlab
end;
gammar_w = 2 * l * sigmar. / ( sqrt( mb) * lambdar) ;
hpc = ( hs + hp)/2 ;
Phir = - dphidr_x_l * d31 * Yp * hpc * hp * aa/( eps33_S * l) ;
YI = b * ( ( Ys/12) * hs ^ 3 + ( Yp/6) * hp ^ 3 + ( Yp/2) * hp * ( hp + hs) ^ 2) ;
wr = ( lambdar. ^ 2) * sqrt( YI/( m * l ^ 4) ) ;
wrsqr = wr. ^ 2 ;
csI = zeta1 * 2 * YI/wr( 1) ;
zetar = csI * wr/( 2 * YI) ;
Cp = eps33_S * b * l/hp ;
ttheta = - ( hp ^ 2 + hp * hs) * d31 * Yp * b/( aa * hp) ;
ksir = ttheta * dphidr_x_l ;
wsqrvec = wvec. ^ 2 ;
wrsqr = wrsqr( : ) ;
wr = wr( : ) ;
zetar = zetar( : ) ;
Phir = Phir( : ). ' ;
gammar_w = gammar_w( : ) ;
ksir = ksir( : ) ;
phirddd_0 = - 2 * sigmar. * ( ( lambdar/l). ^ 3)/sqrt( mb) ;
phirddd_0 = phirddd_0( : ) ;
zetarwr = zetar. * wr ;
Reccmat = wrsqr( : , ones( 1 , length( wvec) ) ) - wsqrvec( ones( 1 , length( wr) ) , : ) +
j * 2 * zetarwr( : , ones( 1 , length( wvec) ) ). * wvec( ones( 1 , length( wr) ) , : ) ;
Reccmat = 1. /Reccmat ;
S1 = Phir * ( gammar_w( : , ones( 1 , length( wvec) ) ). * Reccmat) ;
S2 = Phir * ( ksir( : , ones( 1 , length( wvec) ) ). * Reccmat) ;
if seriesinductor = = 1
T1 = ( - wsqrvec * L + j * wvec * R) * ff/aa ;
T2 = 1/Cp - wsqrvec * L * ( nn + ff/aa) + j * wvec * R * ( nn + ff/aa) ;
else
T1 = - wsqrvec * ff/aa ;
T2 = 1/( L * Cp) - wsqrvec * ( nn + ff/aa) + j * wvec * 1/( R * Cp) ;
end;
```

U1 = T1. * S1. / (T2 + T1. * S2) ;

gammar_w_mod = gammar_w (: , ones (1 , length (wvec))) − ksir (: , ones (1 , length (wvec))). * U1 (ones (1 , length (wr)) , :) ;

S3 = 2 * YI * m * wsqrvec. * sum (gammar_w_mod. * (phirddd_0 (: , ones (1 , length (wvec))). * Reccmat) ,1) ;

S3 = S3. * (1 + j * wvec * csI/YI) ; % % % % % % % %

Rec = 1. /S3 ;

dhostred = dhostred (:). ' ;

Rec = dhostred. / (1 + dhostred. /Rec) ;

absRec = abs (Rec (:)) ;

if maxonly = = 1

absRec = max (absRec) ;

end ;

fun3 = 'rechostplusTMD_eh_bimorph_parallelCvb_for_optv2_f_f_b_exp' ;

function absRec = rechostplusTMD_eh_bimorph_parallelCvb_for_optv2_f_f_

b_exp (elecparas , l , hp , hs , b , mtva , Yp , Ys , eps33_S , d31 , wvec , zeta1 , nmodes , aa ,

ff , dhostred , maxonly , seriesinductor)

R = elecparas (1) ;

nn = elecparas (2) ;

L = elecparas (3) ;

lambdar = [1. 87510 4. 69409 7. 85476 10. 9955 14. 1372 (2 * (6 : nmodes + 6) − 1) *

pi/2] ;

lambdar = lambdar (1 : nmodes) ;

% m = (2 * rhop * b * hp + rhos * b * hs) ; mb = m * l ;

mb = mtva/2 ; m = mb/l ;

sigmar = [0. 7340955 1. 0184664 0. 9992245 1. 0000336 0. 9999986] ;

if nmodes > 5

sigmar = [sigmar ones (1 , nmodes − 5)] ;

end ;

dphidr_x_l = (sinh (lambdar (1 : 5)) − sigmar (1 : 5). * (cosh (lambdar (1 : 5))) +

sin (lambdar (1 : 5)) − sigmar (1 : 5). * (− cos (lambdar (1 : 5)))). * lambdar (1 :

5)/(l * sqrt (mb)) ;

if nmodes > 5

152

```
dphidr_x_l = [ dphidr_x_l 2 * lambdar( 6 : nmodes ). * ( sin( lambdar( 6 : nmodes ) ) ). /
( l * sqrt( mb ) ) ] ;
end ;
gammar_w = 2 * l * sigmar. / ( sqrt( mb ) * lambdar ) ;
hpc = ( hs + hp )/2 ;
Phir = - dphidr_x_l * d31 * Yp * hpc * hp * aa/( eps33_S * l ) ;
YI = b * ( ( Ys/12 ) * hs ^ 3 + ( Yp/6 ) * hp ^ 3 + ( Yp/2 ) * hp * ( hp + hs ) ^ 2 ) ;
wr = ( lambdar. ^ 2 ) * sqrt( YI/( m * l ^ 4 ) ) ;
wrsqr = wr. ^ 2 ;
csI = zeta1 * 2 * YI/wr( 1 ) ;
zetar = csI * wr/( 2 * YI ) ;
Cp = eps33_S * b * l/hp ;
ttheta = - ( hp ^ 2 + hp * hs ) * d31 * Yp * b/( aa * hp ) ;
ksir = ttheta * dphidr_x_l ;
wsqrvec = wvec. ^ 2 ;
wrsqr = wrsqr( : ) ;
wr = wr( : ) ;
zetar = zetar( : ) ;
Phir = Phir( : ). ' ;
gammar_w = gammar_w( : ) ;
ksir = ksir( : ) ;
phirddd_0 = - 2 * sigmar. * ( ( lambdar/l ). ^ 3 )/sqrt( mb ) ;
phirddd_0 = phirddd_0( : ) ;
zetarwr = zetar. * wr ;
Reccmat = wrsqr( : , ones( 1 , length( wvec ) ) ) - wsqrvec( ones( 1 , length( wr ) ) , : ) +
j * 2 * zetarwr( : , ones( 1 , length( wvec ) ) ). * wvec( ones( 1 , length( wr ) ) , : ) ;
Reccmat = 1. /Reccmat ;
S1 = Phir * ( gammar_w( : , ones( 1 , length( wvec ) ) ). * Reccmat ) ;
S2 = Phir * ( ksir( : , ones( 1 , length( wvec ) ) ). * Reccmat ) ;
if seriesinductor = = 1
T1 = ( - wsqrvec * L + j * wvec * R ) * ff/aa ;
T2 = 1/Cp - wsqrvec * L * ( nn + ff/aa ) + j * wvec * R * ( nn + ff/aa ) ;
else
T1 = - wsqrvec * ff/aa ;
```

```
T2 = 1/( L * Cp) - wsqrvec * ( nn + ff/aa) + j * wvec * 1/( R * Cp) ;
end ;
U1 = T1. * S1. / ( T2 + T1. * S2) ;
gammar_w_mod = gammar_w ( : , ones ( 1 , length ( wvec ) ) ) - ksir ( : , ones ( 1 , length
( wvec ) ) ). * U1 ( ones ( 1 , length ( wr ) ) , : ) ;
S3 = 2 * YI * m * wsqrvec. * sum ( gammar_w_mod. * ( phirddd_0 ( : , ones ( 1 , length
( wvec ) ) ). * Reccmat ) , 1 ) ;
S3 = S3. * ( 1 + j * wvec * csl/YI) ; % % % % % % %
Rec = 1. /S3 ;
dhostred = dhostred ( : ). ' ;
Rec = dhostred. / ( 1 + dhostred. /Rec) ;
absRec = abs ( Rec ( : ) ) ;
if maxonly = = 1
absRec = max ( absRec ) ;
end ;
```

附录 B $\beta(\omega)\big|_r$(式(3.32))的 共振频率所满足的方程

对于式(3.32)所示的$\beta(\omega)\big|_r$,当它的幅值最大时对应的频率值(即共振频率值)应当满足如下所示的关于ω^2的三次方程:

$$B_a\,(\omega^2)^3 + B_b\,(\omega^2)^2 + B_c\omega^2 + B_d = 0 \qquad (B.1)$$

式中:各个系数分别为

$$B_a = 2K_d^2 K_a^2 \qquad (B.2)$$

$$B_b = -2K_d^2 K_a K_c + K_d^2 K_a^2 K_b^2 + 4K_d^2 + 3K_e^2 K_a^2 - 2K_d^2 K_a^2 \omega_r^2 \qquad (B.3)$$

$$B_c = 8K_e^2 + 2K_e^2 K_a^2 K_b^2 - 4K_e^2 K_a K_c - 4K_e^2 K_a^2 \omega_r^2 \qquad (B.4)$$

$$B_d = 4K_e^2 K_b^2 - 8K_e^2 \omega_r^2 + K_e^2 K_c^2 + 4K_e^2 K_b K_c + 2K_e^2 K_a K_c \omega_r^2 + K_e^2 K_a^2 \omega_r^4 - 4K_d^2 \omega_r^4$$

$$\qquad (B.5)$$

$$K_a = RC_p,\ K_b = 2\xi_r \omega_r,\ K_c = 2R\alpha_r \chi_r,\ K_d = RC_p m\gamma_r^u \phi_r(l),\ K_e = 2m\gamma_r^u \phi_r(l)$$

$$\qquad (B.6a \sim d)$$

附录 C　实验室测试设备

这里简要介绍一下实验研究中使用的振动测试设备和数据采集系统:

(1) 计算机控制的数据采集系统(LMS Scadas 5,带有 LMS Test. Lab Rev7A 软件),用于控制输入激励,并记录响应和生成频响函数。

(2) PCB 352C22 型加速度传感器,灵敏度为 9.08mV/g,分辨率为 0.002grms,用于测量主结构的加速度。

(3) PCB 测力计(208 B01 型),灵敏度为 114.11mV/N,可测的最大静态力为 0.27kN(拉伸和压缩),频率范围为 0.01Hz ~ 36kHz,用于测量输入激励力。

(4) 四通道 PCB 442B104 ICP 信号调理器。

(5) 放大器。

(6) 电动激振器,Ling Dynamic Systems 公司制造。

(7) 手持式 Agilent U1732A LCR(电感,电容,电阻)测量仪,测试频率设置为 100Hz,120Hz,1kHz 和 10kHz。

作 者 简 介

舒海生,男,汉族,1976 年出生,工学博士,博士后,中共党员,现任池州职业技术学院机电与汽车系教授,主要从事振动分析与噪声控制、声子晶体与超材料、机械装备系统设计等方面的教学与科研工作,近年来发表科研论文 30 余篇,主持国家自然科学基金、黑龙江省自然科学基金等多个项目,并参研多项国家级和省部级项目,出版译著 6 部。

郑金兴,男,汉族,1972 年出生,工学硕士,现任哈尔滨工程大学机电工程学院副教授,近年来主要承担本科生和研究生的机械装备设计和专业英语等课程的教学工作,以及虚拟制造与仿真等方面的科研工作。

孔凡凯,男,汉族,工学博士,博士后,现任哈尔滨工程大学机电工程学院教授,博士生导师,主要从事机构学、海洋可再生能源开发以及船舶推进性能与节能等方面的教学与科研工作,近年来发表科研论文 20 余篇,主持国家自然科学基金和国家科技支撑计划重点项目等多个课题。

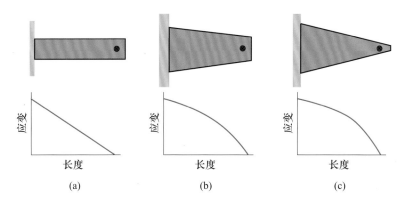

图 2.10 不同梁构型情况下的相对弯曲变形能和应变形状(红圈代表加载位置)[3]

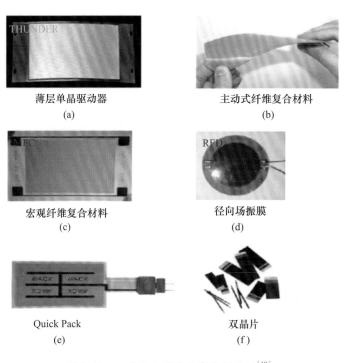

图 2.13 一些压电能量收集构型示例[19]

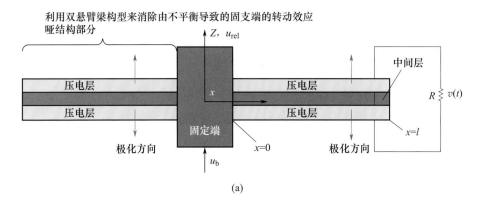

利用双悬臂梁构型来消除由不平衡导致的固支端的转动效应

哑结构部分

Z, u_{rel}

中间层

压电层

压电层

$R \lessgtr v(t)$

x

固定端

压电层

压电层

极化方向

$x=0$

极化方向

$x=l$

u_b

(a)

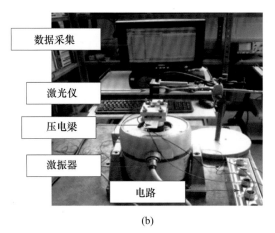

数据采集

激光仪

压电梁

激振器

电路

(b)

图 3.3 （a）双悬臂梁（双晶）原理描述；（b）实验设置

2

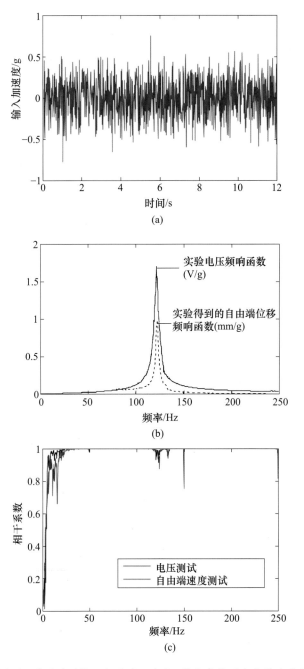

图 3.4 基础处的输入加速度 $\ddot{u}_b$(a)、1kΩ 条件下自由端速度和
电压频响函数实验结果(b)及其对应的相干函数(c)

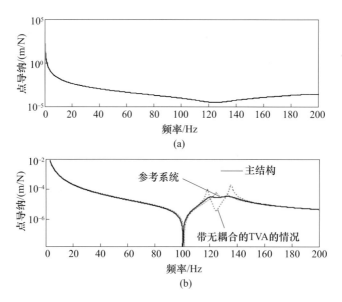

图 5.5 (a)TVA自身的导纳;(b)不带TMD的主结构(细黑虚线)、参考模型(粗实线)、AMAM 模型确定的最优主结构(粗黑虚线)以及带有无耦合TVA的主结构(红色点线)等的导纳

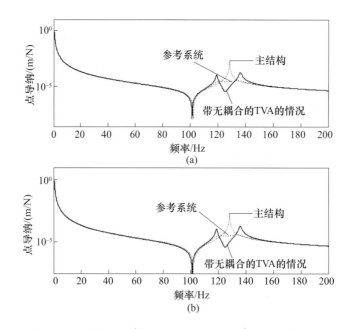

图 5.10 双重电路(并联 R−L−C, 100Ω)情况下的导纳频响
(a)电路中移除了电感;(b)包含了最优电感($C=0C_p$、$C=1C_p$ 和
$C=5C_p$ 分别对应于蓝色、黑色和红色曲线)

4

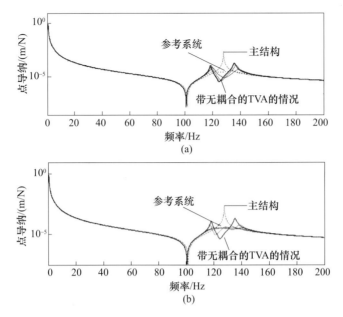

图 5.11 双重电路(并联 R – L – C,50kΩ)情况下的导纳频响
(a)电路中移除了电感;(b)包含了最优电感($C=0C_p$、$C=1C_p$ 和 $C=5C_p$ 分别对应于蓝色、黑色和红色曲线)

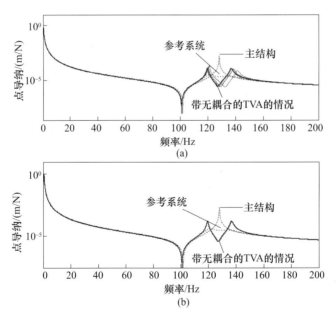

图 5.12 双重电路(并联 R – L – C,1MΩ)情况下的导纳频响
(a)电路中移除了电感;(b)包含了最优电感($C=0C_p$、$C=1C_p$ 和 $C=5C_p$ 分别对应于蓝色、黑色和红色曲线)

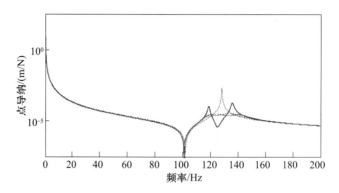

图 5.13　双重电路(并联 R‒L‒C)情况下的导纳图:AMAM 确定的最优电路
参数(紫红色);DSM 确定的最优电路参数(红色);参考系统(粗点线);
无电学耦合情况(粗黑线);无 TMD 的主结构(细虚线)

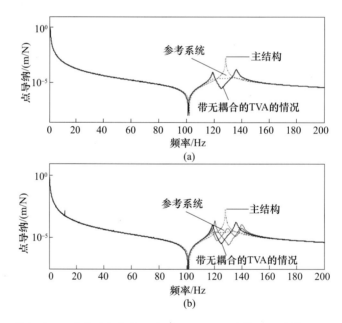

(a)

(b)

图 5.14　双重电路(并联 C,串联 R‒L,100Ω)情况下的导纳频响
(a)电路中移除了电感;(b)包含了最优电感($C = 0C_p$、$C = 1C_p$ 和
$C = 5C_p$ 分别对应于蓝色、黑色和红色曲线)

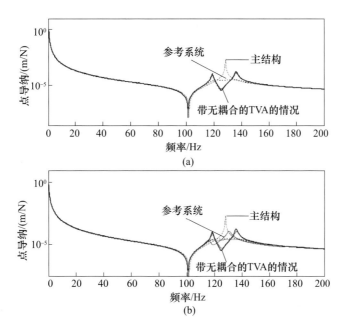

图 5.15 双重电路(并联 C,串联 R – L,2.5kΩ)情况下的导纳频响

(a)电路中移除了电感;(b)包含了最优电感($C = 0C_p$、$C = 1C_p$ 和 $C = 5C_p$ 分别对应于蓝色、黑色和红色曲线)

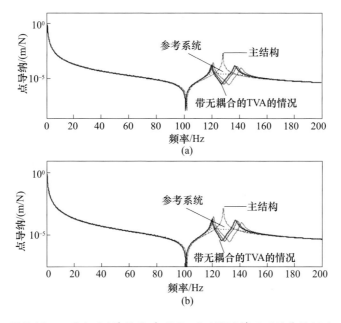

图 5.16 双重电路(并联 C,串联 R – L,1MΩ)情况下的导纳频响

(a)电路中移除了电感;(b)包含了最优电感($C = 0C_p$、$C = 1C_p$ 和 $C = 5C_p$ 分别对应于蓝色、黑色和红色曲线)

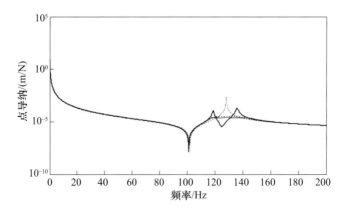

图 5.17 双重电路(并联 C,串联 R－L)情况下的导纳图:AMAM 确定的最优电路
参数(紫红色);DSM 确定的最优电路参数(红色);参考系统(粗点线);
无电学耦合情况(粗黑线);无 TMD 的主结构(细虚线)

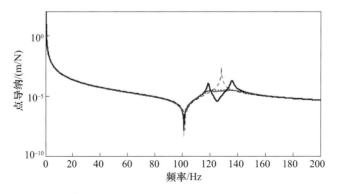

图 5.18 单一电路(并联 R－L－C)情况下的导纳图:AMAM 确定的最优电路
参数(紫红色);DSM 确定的最优电路参数(红色);参考系统(粗点线);
无电学耦合情况(粗黑线);无 TMD 的主结构(细虚线)

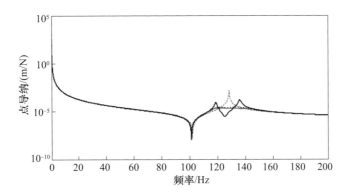

图 5.19　单一电路(并联 C,串联 R – L)情况下的导纳图:AMAM 确定的最优电路
参数(紫红色);DSM 确定的最优电路参数(红色);参考系统(粗点线);
无电学耦合情况(粗黑线);无 TMD 的主结构(细虚线)

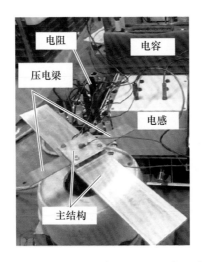

图 6.1　实验设置:能量收集装置/TMD 梁连接到主结构上

图 6.2　测试样件与测试设备(见附录 C)

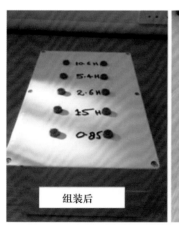

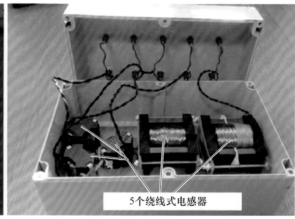

图 6.4　手工制备的电感箱

(单一电路)

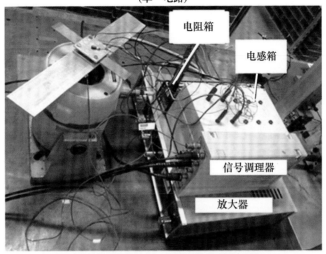

电阻箱

电感箱

信号调理器

放大器

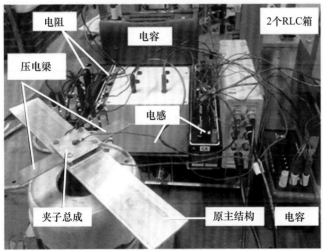

电阻

电容

2个RLC箱

压电梁

电感

夹子总成

原主结构

电容

(双重电路)

图 6.5　单一电路和双重电路测试构型的实验设置

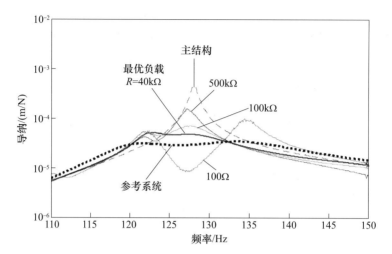

图 6.6　单一电路(并联 R‑L)情况下实验结果的比较

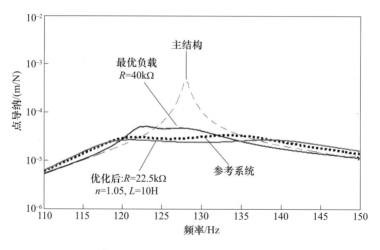

图 6.7　单一电路(并联 R‑L‑C)情况下频响函数的
对比(实验和理论得到的最优结果)

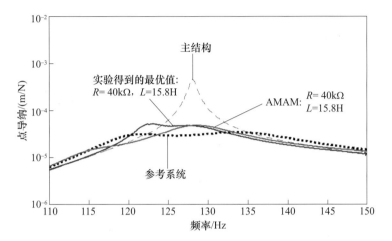

图 6.8 单一电路(并联 R-L-C)情况下理论和
实验结果的对比(针对相同参数)

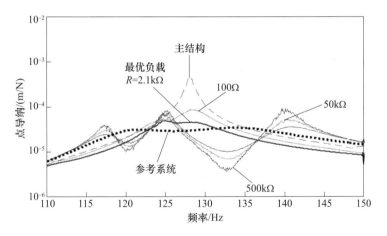

图 6.9 单一电路(并联 C,串联 R-L)情况下的实验结果

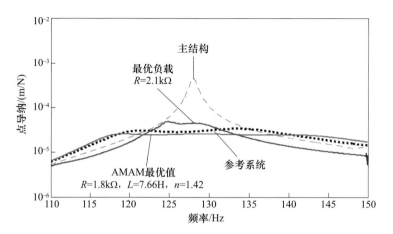

图 6.10　单一电路(并联 C,串联 R‐L)情况下频响函数的
对比(实验和理论得到的最优结果)

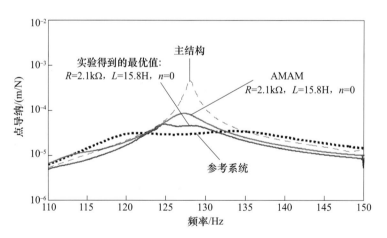

图 6.11　单一电路(并联 C,串联 R‐L)情况下的频响函数
对比(理论和实验结果,针对相同参数)

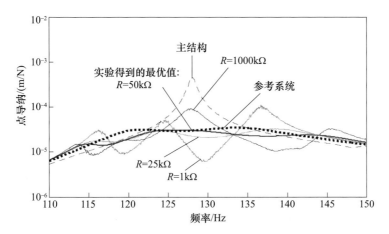

图 6.12 双重电路构型(并联 R-L-C)情况下的实验结果

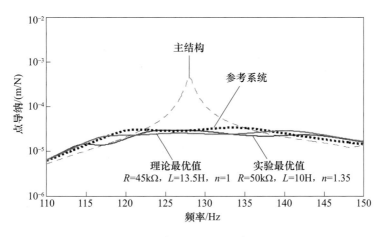

图 6.13 双重电路构型(并联 R-L-C)情况下的频响函数对比
(实验和理论得到的最优频响以及参考系统的最优响应)

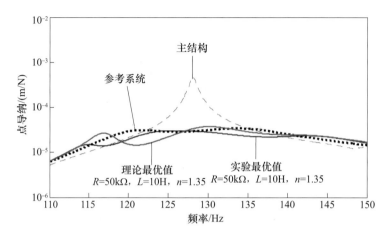

图 6.14　双重电路构型（并联 R－L－C）情况下的频响函数对比
（理论和实验结果，针对相同参数）

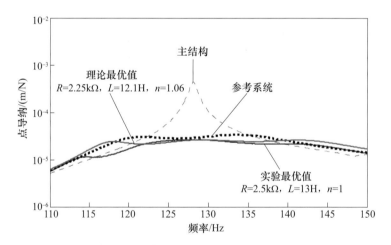

图 6.15　双重电路构型（并联 C，串联 R－L）情况下的频响函数对比
（实验和理论得到的最优频响以及参考系统的最优响应）

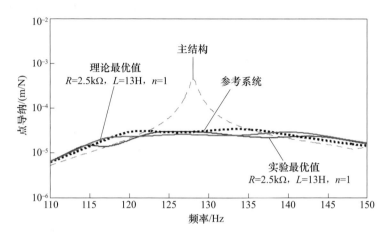

图 6.16　相同参数情况下的理论和实验结果对比

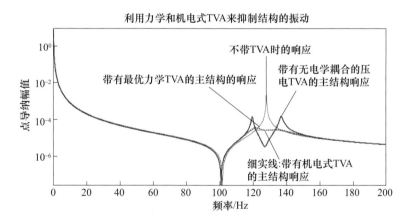

图 7.2　电子箱连接点处的频响函数(有无力学 TVA 和有无机电式 TVA)[1]